U0163248

优秀样衣师手册

YOUXIU YANGYISHI SHOUCE

鲍卫兵 编著

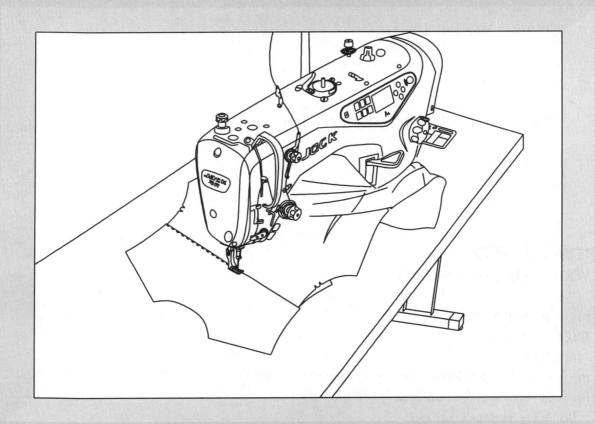

东华大学出版社

·上海·

内容提要

本书以"连环画"的方式详细阐述制衣厂、服装公司样衣制作的流程、缝制工艺、技术要领和实用技巧，全部图形来自工厂实例，易懂易学。本书内容为广大普通缝纫工向样衣师的跨越提供了详尽的实用学习资料，也是广大服装爱好者学习服装缝制技术用书。

图书在版编目（CIP）数据

优秀样衣师手册 / 鲍卫兵编著 . — 上海：东华大学出版社，2022.10

ISBN 978-7-5669-2103-1

Ⅰ . ①优… Ⅱ . ①鲍… Ⅲ . ①服装量裁—手册 Ⅳ .①TS941.631-62

中国版本图书馆 CIP 数据核字（2022）第 152837 号

优秀样衣师手册

YOUXIU YANGYISHI SHOUCE

编　　著：鲍卫兵

责任编辑：杜亚玲

封面设计：Callen

出　　版：东华大学出版社（上海市延安西路1882号，200051）

网　　址：http://dhupress.dhu.edu.cn

天猫旗舰店：http://dhdx.tmall.com

营销中心：021-62193056　62373056　62379558

印　　刷：句容市排印厂

开　　本：889 mm×1194 mm　1/16　印张：16.25

字　　数：570千字

版　　次：2022年10月第1版

印　　次：2022年10月第1次印刷

书　　号：ISBN 978-7-5669-2103-1

定　　价：65.00元

作者简介

　　鲍卫兵，皖巢湖市炯炀镇人，1997年起，先后在深圳金色年华服饰公司、依曼林公司、香港利安公司从事打板绘图工作十多年，有深厚的文字和绘画功底，擅长总结经验，为整理服装工业生产技术做了大量实际工作。

舍利弗

广东 深圳

扫一扫上面的二维码图案，加我微信

序　言

　　本书以"连环画"的方式，带领大家走进制衣厂，走进服装公司，去了解样衣制作的过程和技巧，包含样衣的基本款式，样衣缝制的专业术语，基本缝制工艺，特种缝制工艺，裁剪、缝制、整烫流程，各款缝制重点及实际缝制工作中遇到的各种问题的解决方案。我国是一个服装生产大国，有着数量众多的从业人员，缝纫流水线工人数以百万计。流水线作业在分散了工艺难度的同时也使人难以掌握全套缝制技术，有的流水线员工从事缝纫工作很多年了，但还无法完成整件衣服的缝制。样衣制作是衡量一个人服装缝制技术能力高低最直接、最立竿见影的标准，怎样全面提高自己的缝纫技术，怎样提高自己所从事的服装缝制工作的技术，怎样从流水线上的工作跨越到样衣师……本书整理了各种缝制细节及缝制中的实用技巧，包括：

　　裁剪样衣的技巧；

　　安装隐形拉链的技巧；

　　安装西裤拉链的技巧；

　　安装露齿拉链的技巧；

　　缝制宝剑头袖衩的技巧；

　　衬衫圆装袖和扁装袖的工艺区别；

　　衬衫袖克夫的正确折叠和缝合方式；

　　西装袖衩、西装袖的缝制技巧；

　　呷车绷缝机使用技巧；

　　调试密边技巧；

　　卷筒的使用方法；

　　快速穿针的手工技巧；等等。

　　样衣缝制技术有高低之区别，一年功夫和五年功夫的样衣师的技术绝对是不一样的。做好服装更注重的是动手操作能力和亲身体验。受文字描述和图形表达的局限性，可能有一部分读者朋友通过本书学习难以一下子掌握样衣缝制技术，这就需要亲传了，不过大家多了解一些基本缝制知识和技能，再在实际工作中加以验证和尝试，一定会有好的收益。

　　样衣师是服装进入工业化批量生产时代而派生出的一个服装工种。成衣缝制和样衣缝制的区别是：成衣缝制只是按一定的规则和顺序把裁片组装起来，而样衣缝制则需要半成品时把衣服穿在人台上，观察和调节实际效果，有时候需要修剪领圈、腰节、下摆等部位，还要测量和控制捆条尺寸和伸长幅度，处理打揽（特种橡筋线迹）、打条（并列线褶）、对丝（特种布边处理）、卷窄边、"人"字线迹等特种工艺，如果发现纸样细节有问题，要及时通知纸样师，先更改纸样，然后互相协助更改样衣；等等。因此样衣师比较注重实践经验的积累，一名优秀的、经验丰富且认真细致的样衣师是很受服装生产企业欢迎的。

　　学艺学技术的过程同时也是为了降服浮躁情绪，培养定力和耐力，学艺需要遵守师傅的各种规矩，而一些年轻人恰恰受不了师傅定的规矩。

　　幸运的是，已经有很多有识之士开始关注这一现象，并重新呼吁工匠精神的恢复与重建，这无疑是令人欣慰的事情，笔者特以此书参与其中，以尽绵薄之力。

目　　录

第一章 基础知识

第一节 样衣缝制与成衣缝制的区别

服装公司（制衣厂）开发新款的程序如下：

由设计师根据市场流行趋势和本公司的风格，设计出款式图稿，同时提供面料、辅料的样品，然后交给纸样师进行打板。

纸样师会根据与设计师的沟通和自身的工作经验制定尺寸规格，完成头板纸样，并交给样衣师。

样衣面布、里布、衬布裁剪。有的公司是由专业的裁剪师傅来裁剪样衣的面布、里布、衬布的，而有的公司是由样衣师自己来裁剪的。不管怎样，样衣师都要具备服装裁剪的知识和技能。

样衣缝制。样衣缝制过程中，需要把半成品穿在人台上观察穿着效果，以便修改和调整。局部小规模的修改就是细微的修剪，或者换某个裁片（简称换片）；大规模的修改则可能把整个设计稿推翻作废，重新设计。

完成头板样衣，由试衣人员试穿，观察前、后，上、下，侧面的效果（图1-1~图1-3）。样衣制作不是单一的按纸样组装裁片，在实际缝制样衣工作中，诸多因素都是在不断变化的。例如绣花裁片、印花裁片、配色裁片的处理；布料的垂性导致的拼合缝长度变化；布料纱向角度不同导致的伸长变化；特种打揽和花式打揽的尺寸和实际效果运用；旗袍盘扣的制作方法；代用辅料的运用和效果观察；等等。

大多数布料和裁片在蒸汽熨烫后，会有不同程度的收缩，用"缩水率"来衡量。但是，也有少数的布料和裁片在蒸汽熨烫后会变宽变长，用"涨水率"来衡量，最大可以达到5%，就是1 m布的长度会伸长成1.05 m。因此我们在做样衣的时候，需要规范操作，先熨烫板布再裁剪，裁剪样衣要在版布的上下都垫纸，保证版布不会滑动变形，缝制过程中需要穿在人台上观察效果，随时根据实际情况做出相应的调整。

图1-1

图1-2

图1-3

第二节　试制样衣就需要修改

样衣缝制需要在缝制成半成品的时候穿在人台上，观察实际效果，例如需要观察尺寸是否合理，腰节是否水平，门襟是否顺直，领子和领圈是否服贴，袖子和袖窿是否吻合，等等。既然是试制，就需要修改，工业产品都是经过不断的试制和测试来完善的，因此，修改是很正常的现象，是获得高档、美观、尺寸合理的服装产品的唯一正确途径。

不经修改，就直接生产的大货，则是售价低廉的产品。

第三节　样衣的种类

除了前面提到的头板样衣、复板样衣和三板样衣，根据作用的不同，样衣还分为影像板、齐码板、齐色板、生产板、挂板、船头板。

影像板：影像板的样衣是用于拍宣传画册的。

齐色板：把需要的每个颜色都做一件样衣，以观察由于颜色不同可能出现的效果差异。

齐码板：把每个码都做一件样衣，以观察不同的码数和尺寸变化导致的实际效果差异。

齐码板和齐色板由于已经经过头板和复板的试制，一般不需要太大的改动，因此可以适当加快速度，完成后再检查各码尺寸和颜色的实际效果。

生产板：让公司车工的班组长熟悉各个工序的要点和注意事项，在批量生产之前完成的样衣。

挂板：内销服装生产中，先做好一两件挂到店里的样衣。

船头板：外贸服装生产中，从生产线上拿几件给客户用作报关的样品，同时也是大货对照样品，以及下次翻单时的样品。

第四节　工业服装生产和传统量体裁衣的区别

工业服装生产和传统量体裁衣最大的区别就是，工业服装生产是以标准的中码尺寸或者小码尺寸作为基码尺寸，然后推放出其他各码，进行批量生产，消费者在购买时可以挑选适合自己的尺寸和码数；量体裁衣是根据已有的人的主要部位尺寸，再加上适当的放松量来裁剪和制成服装。前者是"以人适衣"，后者是"以衣适人"。相比之下，工业服装生产只要熟悉标准体型的尺寸，再根据面料、款式风格等因素适当灵活变化，就可以制定规格尺寸；而量体裁衣需要针对每个不同体型的个案，参考个人爱好、不同职业等因素来制定尺寸，所以需要更多的经验积累。

两者之间的另一区别就是，工业服装生产可以通过样衣试制过程来获得更好的效果和尺寸，而量体裁衣一般很少试制，只对做好的衣服根据消费者意见进行局部的、小规模的修改。因为一段布料的幅宽和长度基本上是做一件衣服的，如果大规模的修改换片，则需要浪费另外一段布料，成本就成倍地增加了。

只有当前流行的高级定制服装，由于收费比较高的原因，就有条件裁制坯样，简单缝合，用于试穿测试效果。

第五节　内销服装与外贸服装生产的区别

内销服装是以我国人体体型作为依据来设计和生产的，衣服的尺寸和合体程度，只需要找一般体型适中的人试穿就可以，直接看到效果，工艺可以根据工厂实际情况进行灵活改变。外贸服装则需要根据不同国家和地区的体型来设计规格尺寸，工艺需要最大限度地遵照国外客户的要求来制定，试穿则通过配有与该国的体型相适应的人台来看效果，或者把衣服寄给国外客户，让客户找人试穿，然后根据反馈意见进行修改。

第六节　普通缝纫工怎样快速成为样衣师

普通缝纫工指在服装厂的流水线从事缝纫工作的人员，这些人员如果希望自己的技术能够得到提升，从整体上全面掌握服装制作技术，根据笔者的观察和体验，除了平时多练习各种服装缝制细节，掌握不同面料、不同机器缝制技巧外，还要有足够的耐心，因为做样衣需要和纸样师不断沟通，需要在试制过程中不断修改。

另外，普通缝纫工若要成为一名样衣师，最好能有一位工作经验丰富的样衣师带一下，这样能少走弯路，更快进入新的角色，更加快捷有效地完成岗位转换。

流水线对复杂的服装工序进行了分解，各岗位的工人难以对本款服装有整体印象，并且对工艺标准也一知半解，只能按照班组长的要求进行机械照做。

普通缝纫工如果能够达到做整件服装或做样衣的水平，则可以明显地提高工作效率，因为他明白了各个工序的要领和实际效果，清楚各个工序的要求和检验标准，甚至可以预先考虑到当前工序对下一工序的影响，预测到可能出现的问题。

第七节　反复练习基本款

基本款指最常见、最普通的半裙、长裤、衬衫、西装、连衣裙和针织衫。这几种款式虽然普通，却包含了服装缝制的各个要点（详见表1-1），并且基本款是不会过时的。

表1-1　各种基本款式的缝制要点

半裙	女衬衫	女西装	连衣裙	T恤
包烫	拼合育克和肩缝	拼合公主缝	安装露齿拉链	四线拷边机
拉链位置拷边	勾上领	开胸袋	袖山收碎褶	绷缝机（冚车）
安装隐形拉链	做下领	开大袋	做布纽门	安装罗纹领圈
落坑线	装领对准三刀口	装领对准三刀口	套里布	扁平整烫
卷边	开袖衩	安装西装袖		
	圆装袖	开后衩		
	卷弧形下摆	开袖衩		
		套里布		

第八节　时装裁片的多样性

时装的款式是不断变化的。所谓时装，就是时尚的、时髦的服装。有的时装故意标新立异，有的时装故意夸张变形，见图1-4~图1-13。

图1-4

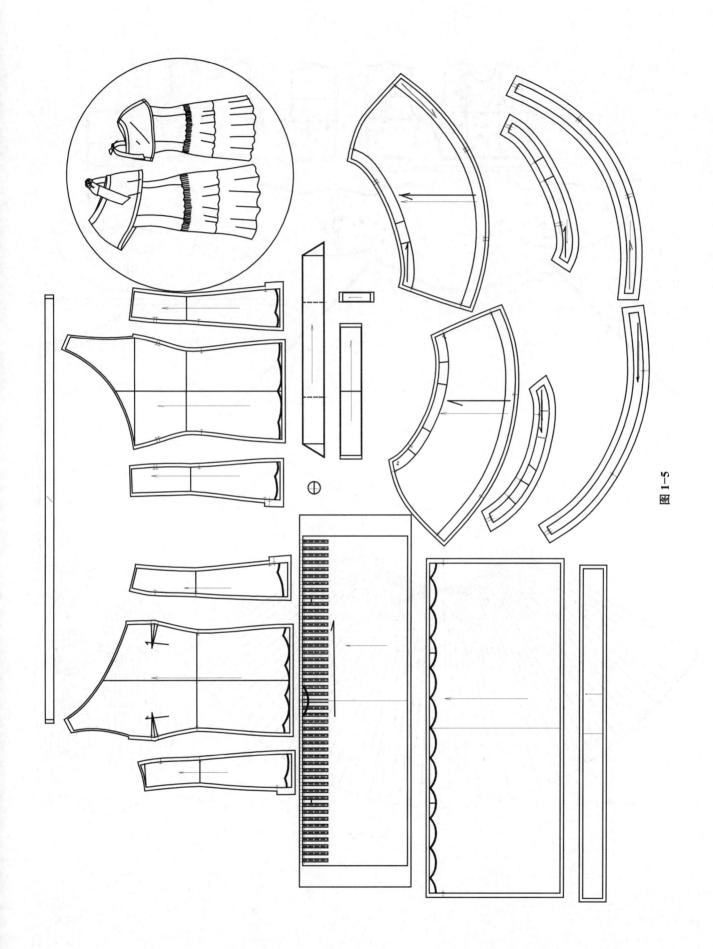

图 1-5

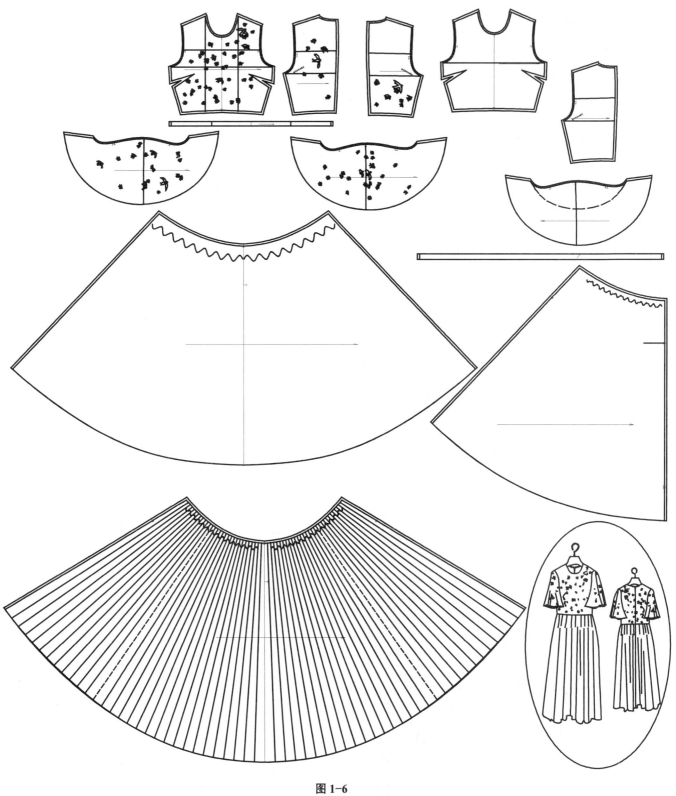

图 1-6

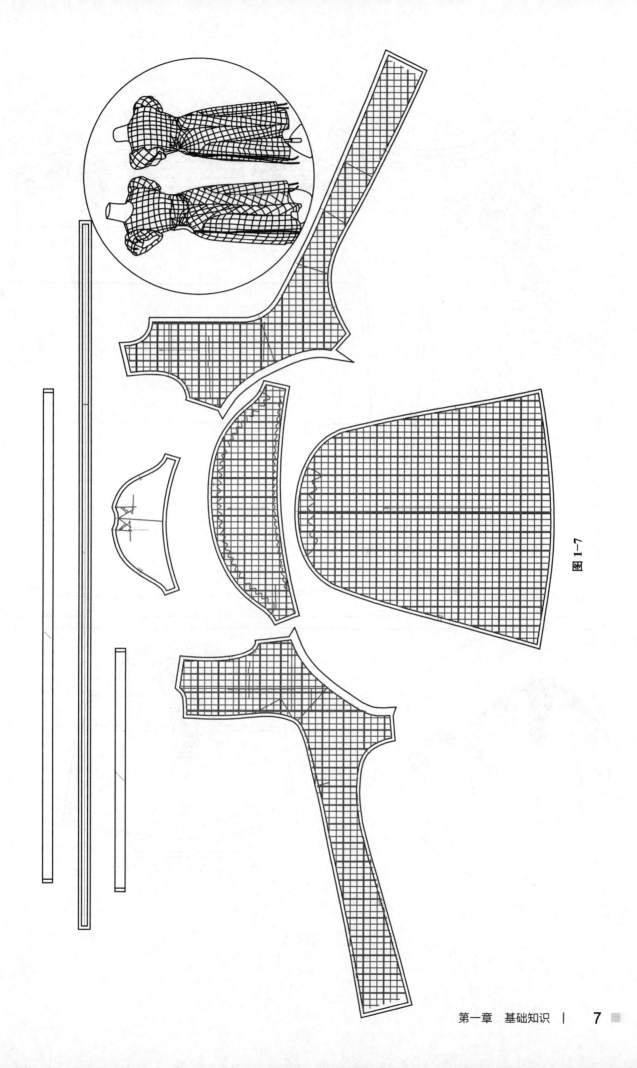

图 1-7

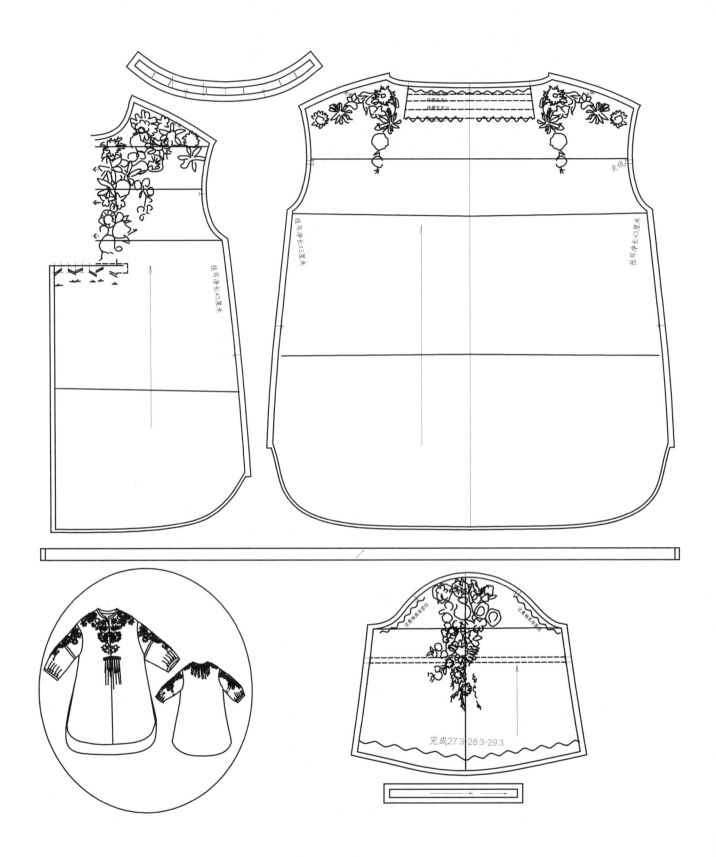

图 1-8

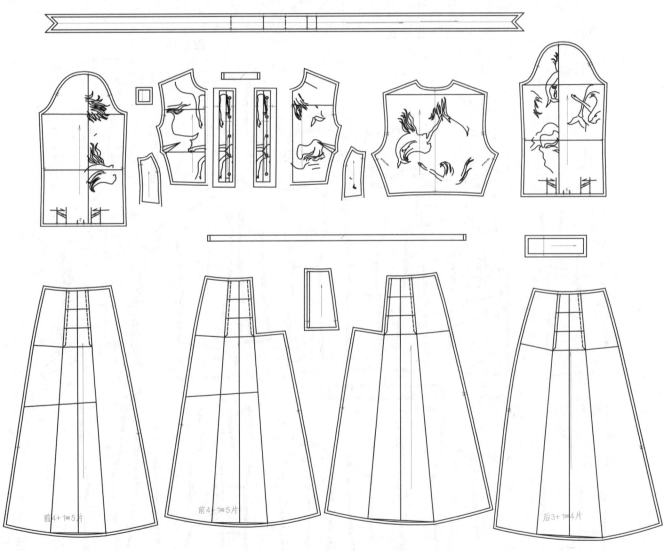

前4+1=5片 前4+1=5片 后3+1=4片

图 1-9

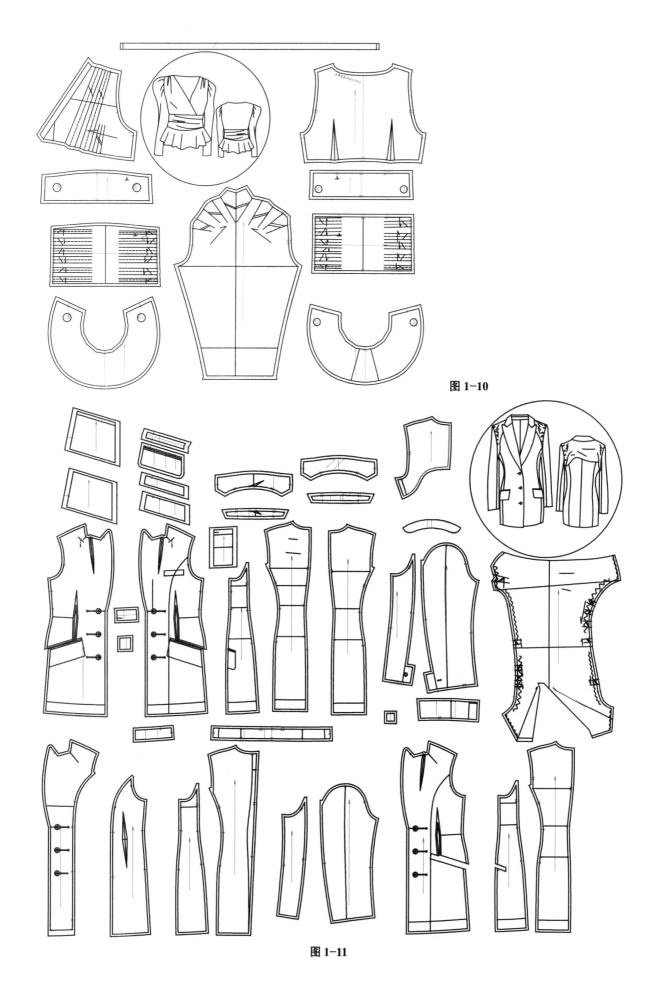

图 1-10

图 1-11

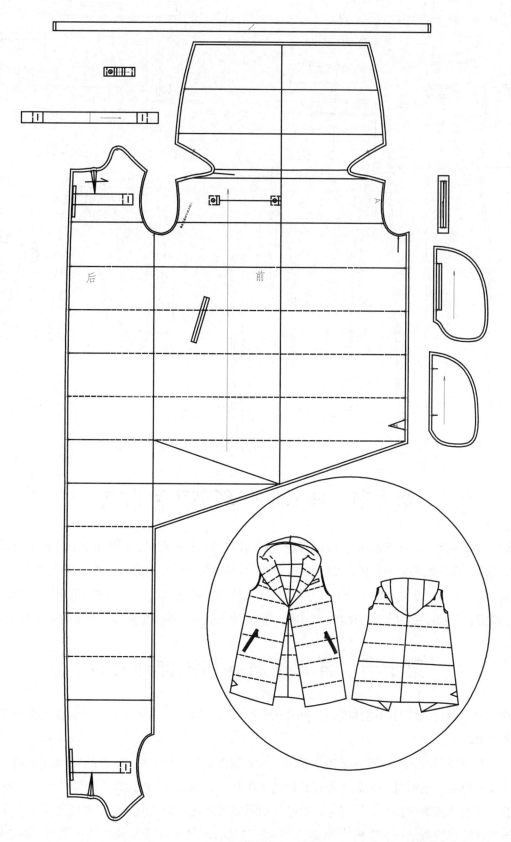

图 1-12

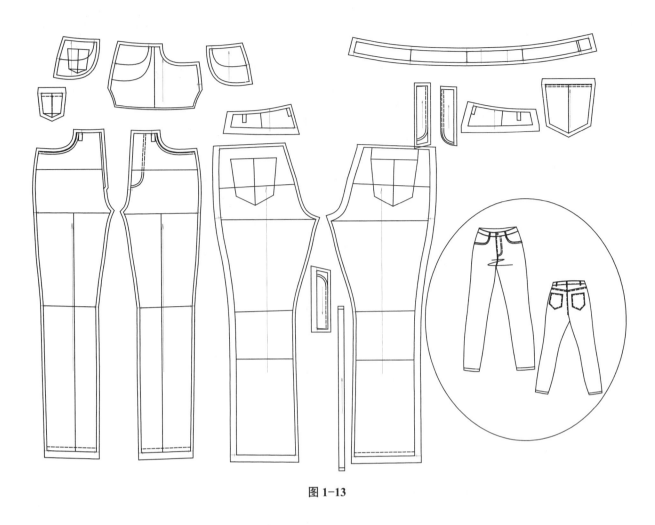

图 1-13

第九节　样衣制作环节不可省略

服装工业化生产中，样衣制作这个环节是不可以省略的。一件衣服，同样的款式，同样的尺寸，颜色和花纹不同，视觉效果会不一样，黑色显瘦，粉色显胖，竖条纹显得高挑，横条纹显矮，因此，不可以凭想象就生产大货，而是要做出样衣实物。另外，服装上的一些细节，例如里布的松度和长短，辅料的配置，褶裥的方向和面料的垂坠效果，袖中缝、袖口的角度等，都需要做出样衣才能看到实际的效果。

第十节　样衣师怎样和纸样师交流

笔者早年也做过一段时间的样衣师，对公司的纸样师张师傅恭恭敬敬，当然他在工作中也给予笔者极大的帮助。

样衣师与纸样师交流时，要善于体察人情。例如当样衣师在样衣缝制过程中发现了问题，但当时纸样师工作特别忙，这时就不要急于去打断他的工作状态，而是先用笔把问题记录下来，如果是很要紧的问题，等他稍闲的时候当面告知他，如果是次要紧的问题，则可以用铅笔写在原纸样上交给纸样师，这样纸样师在检查纸样和推板的时候就会看到，待他改正后只需要用橡皮擦把铅笔字擦掉即可。

样衣师也可以把一些建议通过QQ或者微信发送到纸样师的手机上，这样既可以提醒纸样师看内容，同时也留有记录可查。

再例如，有的样衣师在安装西装袖的时候，只是按常规操作，把袖子安装上去就结束了，对于是否出现袖子偏前或者偏后、袖底是否多布、是否美观等情况都不会过问，认为我反正是按纸样裁剪、缝制的，有问题也是纸样师的责任。但是，如果是一名优秀的样衣师，就会通过调节袖山刀口位置来控制西装袖的前倾程度，通过修剪袖底弧线来提高袖子的美观程度，然后把修改的情况告知纸样师。

纸样师也需要具备一定的样衣缝制经验，有时候也需要自己动手用假缝的方式先把西装袖用手缝针绷在袖窿上进行观察、调节，确认无误后，再交给样衣师用缝纫机缝合袖子。注意，此时只需用缝纫线迹盖住手缝线迹即可。用这种方式安装西装袖，操作熟练的样衣师只需十分钟左右就可以完成。

以西装样衣缝制为例，具体的操作步骤如下：

1. 样衣师把西装的肩缝和侧缝拼合好，开缝烫好，袖山吃势抽好后交给纸样师，然后样衣师可以利用这个时间空档去拼合里布。

2. 纸样师把衣身穿在人台上，先把袖山刀口对准肩缝，观察袖子前倾程度，如果需要修改，用专业的褪色笔做好新的袖山刀口标记，见图1-14。

3. 用手缝针假缝袖山上半段，然后把袖山下半段和袖窿相吻合，用大头针固定住，见图1-15。

4. 再一次穿在人台上，观察效果。

5. 确认无误后把袖山下半段也假缝好，如果袖底进行了修改和修剪，纸样要同步修改，见图1-16。

6. 然后交给样衣师，用缝纫机缝合，再安装弹袖棉和垫肩，完成套里布等后续工作。

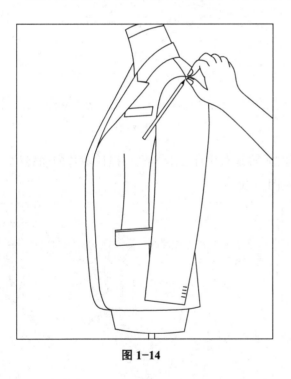

图 1-14

图 1-15

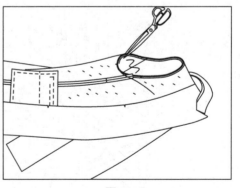

图 1-16

样衣完成过程中，样衣师和纸样师之间是互相补充、互相合作的关系。纸样师每天面对的是新款、新结构、新造型、服装CAD软硬件问题和客户反馈意见的处理。样衣师每天面对的是裁剪、缝制的工作。两者之间要有互相合作、互相协调、互相学习的意识。

另外需要注意的是，有少数样衣师和纸样师之间会有抵触、不合作心理，其实归根结底是利益问题，这就要求公司从制度上把修改和返工以计时的方式纳入工资计算标准，否则，再怎么思想沟通、动员，都没有什么效果。

第十一节　样衣缝制时的正确手势

样衣缝制时养成正确的手势习惯，可以提高工作效率，起到事半功倍的效果。

1. 缝纫手势之一。左手掌轻触裁片，右手食指、中指、无名指放在裁片边缘，控制裁片前行的方向，见图1-17。

2. 缝纫手势之二。右手食指轻搭在裁片止口的边缘，起到控制裁片前行方向的作用，见图1-18。

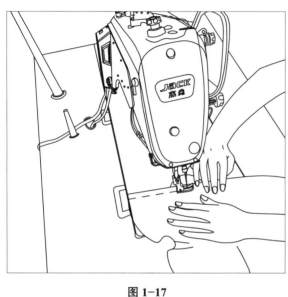

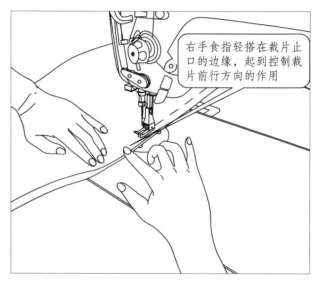

右手食指轻搭在裁片止口的边缘，起到控制裁片前行方向的作用

图1-17　　　　　　　　　　　　　　　　　　图1-18

3. 缝纫时有时需要向前轻轻牵拉，此时正确的手势是右手穿过缝纫机头捏住裁片向前轻拉，见图1-19。左手在前、右手在后的手势是错误的，见图1-20。

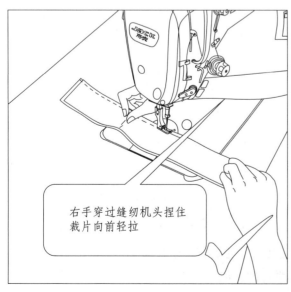

右手穿过缝纫机头捏住裁片向前轻拉

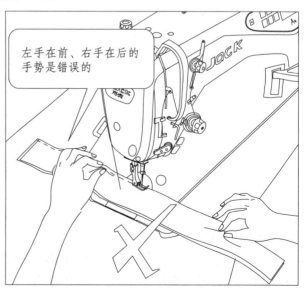

左手在前、右手在后的手势是错误的

图1-19　　　　　　　　　　　　　　　　　　图1-20

4. 拷边的正确手势。拷边的正确手势是左手轻轻提起裁片，不需要来回移动，机器尽量不要停顿，见图1-21。把左手放在压脚附近，走一段停一下，左手随着裁片来回移动的手势是错误的，见图1-22。

只有在袖窿处或者对弧度很大的裁片进行拷边的时候，才会用食指和中指轻触袖窿止口，放在压脚前面，见图1-23。

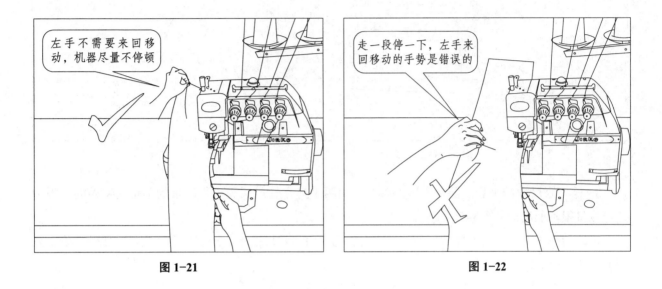

图1-21   图1-22

5. 卷筒卷边的手势。使用卷筒卷边时，左手食指和中指轻轻接触裁片，右手捏住裁片边缘，见图1-24。

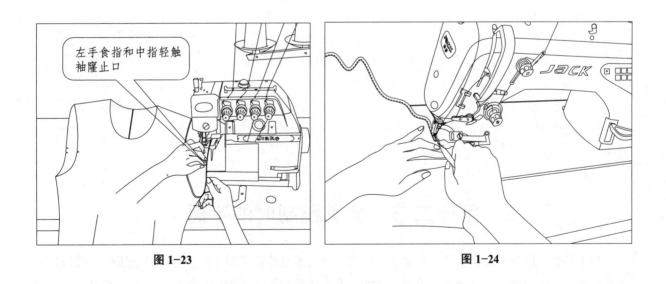

图1-23   图1-24

6. 临时绕线的手势。绕线也称倒线或者打线。一般情况下是一边缝纫一边绕线的。但是做样衣时，由于件数比较少的原因，不需要绕太多的线芯，有时临时绕一点就可以了。此情况下，先旋转机头后面的旋钮，让压脚抬起来，防止高速运转时压脚和送布牙之间因摩擦而产生磨损，然后右手握着一个镊子挑住线，控制线的运行角度和方向，为防止勒伤手指，运行的速度不要太快，见图1-25。

7. 剪实样的正确手势。剪实样时，左手食指和中指呈剑指状夹住硬纸板，拇指和无名指捏住下半部分，使之固定住，然后右手握剪刀，沿着画好的线迹剪裁实样，见图1-26。

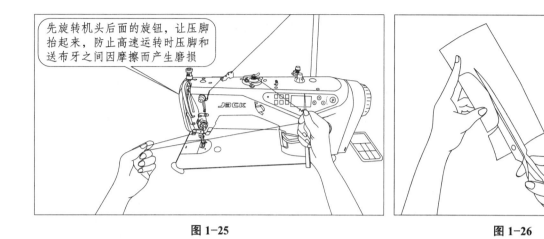

先旋转机头后面的旋钮，让压脚抬起来，防止高速运转时压脚和送布牙之间因摩擦而产生磨损

图1-25   图1-26

8. 量衣服尺寸的手势。测量衣服的时候，用两手捏住软尺两头进行测量的手势是错误的，因为这样测量很不准确，见图1-27。

正确的手法是用左手安住软尺前端，用右手把衣服和软尺推平，用这种手法测量，比较准确，见图1-28。

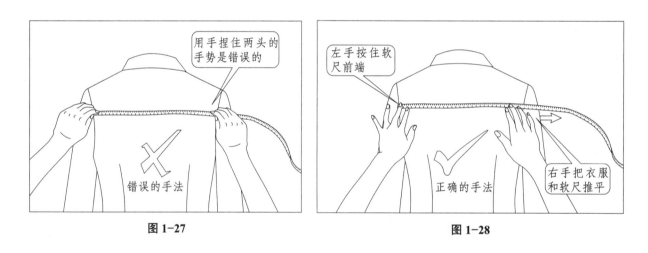

用手捏住两头的手势是错误的

错误的手法

左手按住软尺前端

右手把衣服和软尺推平

正确的手法

图1-27   图1-28

第十二节　样衣缝制时的手感

与手势相关联的另外一个概念是手感。服装缝制技术是非常注重手感的，这种手感指的就是手对面料特性、缝纫力度控制的微妙的感觉。例如，在拼缝的时候，下面一层需稍拉一点，而上面一层需稍推一点，这里的力度控制就需要凭手感了。

再例如，一次性安装裤腰或者裙腰的时候，腰的上层和下层都是包烫好的，但是下面是看不到的，需要凭手感来控制下层边线的宽度。优秀的样衣师可以做到虽然看不见，但是仍然可以把下层边线做到均匀、顺畅、自然、美观。

另外就是对面料的手感要有体会：

丝绒面料就像猫的皮毛一样光滑柔软；

粗花呢面料疏松而粗犷；

乔其面料的表面有凹凸感，有弹性；

雪纺面料虽然也很薄，但是相对乔其而言手感硬一点，有凹凸感，耐磨效果好；

棉布性能比较稳定；

针织布弹性比较大；

色丁布非常光滑，容易变形；等等。

总之，不同的面料有着不同的手感。手感需要在长期的实际工作中慢慢体会、慢慢积累，不是一蹴而就的。

第十三节　样衣制作要点和注意事项

一、中烫

中烫是指生产过程中的整烫裁片工艺。中烫在黏衬时熨斗应由上向下，由中间向两侧垂直操作，并控制好适当的温度，施加一定的压力和保持一定的湿度，这样就可以排出布料和黏合衬之间的空气，使黏合效果平服、自然。

二、缝制前的准备工作

车缝是服装缝制中技术要求比较高的部分，也是最容易出现各种问题和差错的部分，因此车缝部门一定要本着一丝不苟、耐心细致的态度做好每一道工序。

缝纫过程中，全件的缝边宽度要以纸样为准，不可有宽窄不一的现象，拼缝要求顺直，针迹无松散、拉爆现象。要按照公司或者客户要求调好缝纫机的针距，使用粗线时衣服的正面不可接线，可在反面留线头打结。

在没有特殊要求的情况下，缝纫线的颜色选用和面料图案底色相同的颜色。

在缝制比较薄的面料时，要换成小号的机针和针板。

在缝制针织、丝绒类有弹性的面料时，要换成小间距的压脚和小孔针板。

三、下装类缝制标准

裤子的前、后裆在要用双道线或者锁链车进行缝纫，主要是防止顾客在穿着、运动时受力裂开。

前、后裆缉明线的款式，在没有注明要求时，按照惯例，一般缝边都向左边倒。有里布的款式，面布和里布之间，要在裆底用布条固定。

裤子和裙子的弯形腰要用实样扣烫，内层要夹里布条或防长衬条，同时把缝边修窄。

裤子和裙子的侧袋，凡是分内层和外层的部位，外层都有 0.3~0.5 cm 的放松量。

裤子前中安装拉链要平服，右盖左或者左盖右 0.6 cm。

四、上装类缝制标准

做领子要按实样扣烫或者画线，缝边要修窄，厚面料要修剪成高低缝（即一层缝边较宽，另一层缝边较窄的修剪方式），领子完成后左右对称，领面一定要比领底稍放松，使领子自然呈向下翻转的窝势。

收省时要按纸样确定省的位置和大小，省尖不可打回针，否则容易刺坏面料，且省尖不易平服，应该在反面留线头打结，一般打好结后留线头1~1.2 cm。

装袖要对准刀口，控制好缝边宽度和袖山吃势，整体效果要求圆顺、自然。

前片完成后，口袋位置要左右对称，格子布和条纹布需要对格对条。

连衣裙和其他款式裙子的隐形拉链，有的公司装左侧，有的装右侧，要根据具体的款式和公司习惯来确定。

凡有图案、字母的唛头、织带、绣花片，都要注意上下方向。

凡后中剖缝，非烫开缝的款式，在没有特殊说明的情况下，一般都默认为缝边倒向左边。

套里布和卷下摆之前，要确定衣长并修顺下摆，封闭式里布在套里布之前，要清理面布和里布之间的杂物和线头。

凡开缝的部位，都要先烫开缝，再套里布。

衣身的面布和里布之间在肩端点和腋下用里布条连接，如果是活动式里布，还要在侧摆用线襻连接，口袋布、帽子中间也要用里布条连接定位。

夹克衫、拉链衫等有外贴门襟的款式，拉链应该位于门襟中间的位置。

另外，不论下装还是上装，在没有其他特殊要求的情况下，一般从衣服的反面来看，省和褶都倒向前中和后中。

五、特种机（专机）

特种机包括平眼机、凤眼机、钉扣机、撞钉机、套结机、挑边机等。

使用纽门点位样板时，由于服装完成后通常有缩短现象，在这种情况下：

衬衣类的门襟以上端平齐，而西装类应以翻折点平齐，特殊款式要经过技术部门的研究后再确定点位的方法。

有的口袋上的纽门是半成品打好的，也有的是做好成品后再打纽门的，遇到这种情况时，要仔细分析和确认。

一般情况下，女装的纽门开眼在右边门襟（男装的纽门开眼在左边门襟），只有在极少数情况下，女装的纽门开在左边。

特种机器中的挑边机，凡面料太薄或者绣花部位靠近折边的，均不能使用机器挑边。

平眼和凤眼的开眼机器，在开眼时要注意检查刀片是否锋利，刀片规格和纽门规格是否吻合，是否有跳针现象，对这类问题要确认无误才能够生产，因为这类情况如果发生，损失将是无法补救的。

六、手工

手工钉纽扣要先了解钉法和要求，如是否需要绕脚。如果是壳纽和布包纽，一件衣服上的纽扣要颜色相同。

钉暗扣要按实样点位、钉牢。按照惯例，暗扣的凸面通常钉在右边门襟，凹面钉在左边门襟。

七、整烫

整烫也称大烫，是指一件衣服整体的熨烫。大烫之前要和员工讲解整烫要求和质量标准，特别要提醒注意，烫台要清洁，熨斗要套烫靴，以及了解服装需要归拔的部位。

真丝类面料沾上汗斑后会发黄，整烫员工要戴上手套操作。有的服装成品尺寸与制单尺寸有误差，需要整烫补救的，要提前通知。还有一些弹性较大的面料，在整烫时要注意控制尺寸。服装的特种工艺一般由专业的工厂用特种机器设备来完成。如人字车迹，贴布绣花，米粒绣花，机械压褶、压皱，机械压线褶，打揽，对丝，印染，扎染；等等。

八、防污染

员工上班时要先擦净机器上的油污，下班时缝纫机的压脚下面要放置垫布，以防止油污和锈迹污染样衣。

员工工作时使用铅笔、褪色笔和高温笔，不可以用签字笔、大头笔和圆珠笔。

第十四节　服装生产专用术语解释

1. 后育克：也称后覆肩，指衬衫后肩双层的裁片。

2. 克夫：也称介英，指衬衫的袖口。

3. 修片：指修剪裁片。

4. 换片：也称配片，指把有缺陷的裁片换掉。

5. 大货：指批量生产的产品。

6. 配色/主色：配色也称撞色，指辅助的、搭配的颜色；主色指主要的占大部分的颜色。

7. 底色：指布料的背景颜色。

8. 打横：指把裁片旋转90°，横过来进行裁剪。

9. 定位线：指起到暂时固定作用的缉线，如省和褶倒向的定位。

10. 点位：指在裁片上做标记。

11. 走线：指在裁片边缘缉线，起到归拢和校正丝缕的作用。

12. 吃势：也称溶位，一般指袖山顶部少量的收缩。

13. 窝势：指领子面层松、底层紧而产生的弯形，不会反翘的细微效果。

14. 散口：也称毛边，指裁片裁剪后，边缘不做任何处理，呈松散状态。

15. 折边：指下摆或者袖口比较宽的止口，翻折后的裁片边缘也称折光。

16. 运返：指下摆或者袖口折叠后的效果。

17. 过面/过底：指钉暗扣或者其他小构件时是否钉透布料的面层或者底层。

18. 回针：也称倒针和倒回针，指缝纫时起针和结束时的来回缉线，为防止两头散开的缝纫操作。

19. 倒向：指褶或者省道的方向。

20. 唛架：也称唛架图，即排料图。

21. 翻单：指排料生产的第二次或者更多次的生产。

22. 翻衫：指有里布的衣服，缝制到最后，把衣服从袖里布留的洞口处翻过来。

23. 串口：也称串口线，指西装领子和驳头缝合的这一段。

24. 纽门：也称扣眼。

25. 加毛：也称加空位，指在裁片四周预留多出的空位。

26. 走前/走后：指衣服的侧缝或者袖子朝前/朝后倾斜。

27. 叠门：也称迭门或者搭门。

28. 风琴位：一般指下摆和袖口里布长出来折叠的部分，能起到伸缩的作用。

29. 归拔：归拢和拔开的简称，指拼合裁片时有的部位需要有意地归拢收缩，或者有意地用力拉长。

第二章　怎样裁剪样衣

第一节　裁床的尺寸规格

一般情况下，裁床的宽度为170 cm，高度为88 cm，太高或者太低容易使人产生疲劳，长度根据车间大小在300~500 cm不等。裁床四周留有空隙，以方便变换裁剪的角度。裁床表面覆盖纤维板，纤维板有一定的韧性，可以在上面打孔，但不会明显影响台面的平整度和光滑度。

第二节　怎样裁剪样衣，裁片不会变形

裁剪样衣，也称裁板和剪板。裁剪样衣一定要按纸样操作，要求形状精确无误且无变形，这样才能把纸样的效果真实表现出来，而大货的尺寸、褶裥效果等都是以样衣作为依据的，裁片的平整、形状准确不变形是保证样衣质量的首要条件，尤其是特殊的布料，如轻而薄的真丝、雪纺、乔其，有纹路的双绉、顺纤绉，滑而有毛的丝绒，弹性很大的针织布料等，情况更是如此。

那么，怎样才能保持裁片不变形呢？在制衣厂和服装公司的裁剪车间实际操作中会发现，裁剪样衣并不仅仅是把布料自然平铺，而是有操作规范和技巧的，概况起来就是：

蒸汽缩水，区别正反；

上下垫纸，展开平铺；

校正丝缕，对准纱向；

注意毛向，剩布存档。

一、整烫面料

样衣的布料，也称板布。样衣裁片前要用蒸汽熨斗将面料充分地烫一遍，以使面料平整、丝缕顺直，同时完成预先缩水，见图2-1。

注意在批量裁剪时，成卷的面料是无法用蒸汽熨斗来缩水的，通常的做法是在纸样上加入缩水率。如果缩水率比较大，在5%以上，考虑到常规缩水处理会有缩水不均匀的现象，就需要把面料送到专业的缩水工厂进行匹布缩水后再开始裁剪。

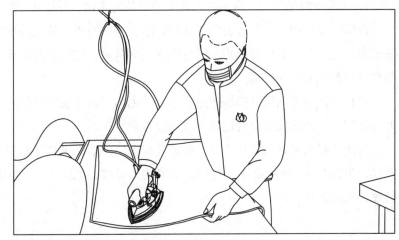

图2-1

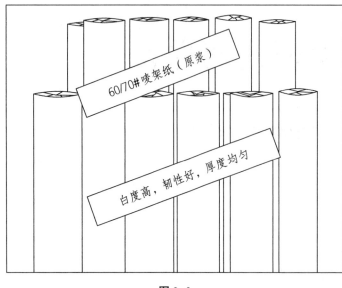

图 2-2

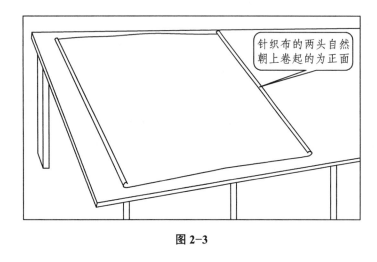

针织布的两头自然朝上卷起的为正面

图 2-3

二、上下垫纸

服装生产有专业的裁剪用纸，称为底纸，或者唛架纸，有各种不同的宽度和厚度规格，见图 2-2。

三、怎样识别面料的正反面和丝缕方向

一般情况下：

1. 面料外观平整光亮，花纹色彩明显的为正面。

2. 面料有均匀紧密、立体感强的图案的为正面。

3. 毛织面料中，绒毛光洁整齐、手感舒适的为正面。

4. 观察面料的布边，通常针孔向上的为正面。

5. 根据面料表面的撇捻纹来识别正反面。如斜纹绸、纱布的正面为捻纹，反面为平纹；华达呢、卡其布的正面为撇纹，反面呈捻纹。需要注意的是，有的毛料和丝绸正面为撇纹和捻纹的可能性都有，这就需要根据实际情况和客户要求来决定。

6. 还可以根据布边的印花和文字符号来区别，整卷和整匹的布料也可以根据布端的出厂长度印戳标志来判断，一般有印戳标志的为反面。

7. 针织布料平铺时，两头自然朝上卷起的为正面，见图 2-3。

在实际工作中，有的时装为了达到标新立异的效果，故意将面料的反面当作正面来使用，还有一些面料，它的正面毛糙而粗犷，颜色也深沉而灰暗，这些情况需要工作人员细心分辨，耐心沟通，不断总结经验达到准确判别。

面料的丝缕方向可以根据布边、条纹、毛向、撇捻纹等特征来判断。另外，一般的面料都是横向弹力比较大，而纵向的弹力比较小或者没有弹力。

对于已经裁剪好的裁片，可以根据其受力后的褶痕来判断丝缕方向。轻拉裁片，有较少褶痕的为直纹，见图 2-4；轻拉裁片，有明显褶痕的为横纹，见图 2-5；轻拉裁片，出现严重变形的褶痕的为斜纹，见图 2-6。

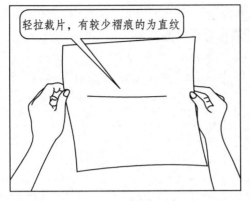

轻拉裁片，有较少褶痕的为直纹

图 2-4

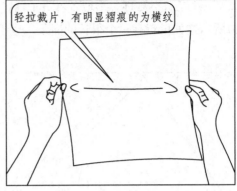

轻拉裁片，有明显褶痕的为横纹

图 2-5

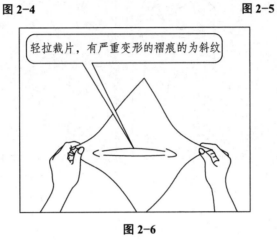

轻拉裁片，有严重变形的褶痕的为斜纹

图 2-6

四、展开平铺和对折平铺，上下垫纸

原则上，裁剪样衣都是展开平铺的，见图 2-7。

另外需要注意的是，面料要正面朝上进行平铺，这样不会把裁片弄反。在裁剪衬料的时候，则需要把有较小颗粒的一面朝上进行平铺。

相比之下，展开平铺面料比对折平铺面料要节省用料，并且展开平铺面料裁剪的裁片更加准确，不会出现对折手铺面料时底层起皱、起褶、松紧不均匀而导致裁片左右不对称的弊病。只有在裁剪要求不是很严格的里布和衬布时，为了节省时间，才会采用对折平铺的方式，见图 2-8。

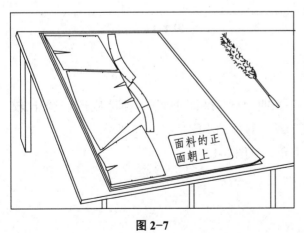

面料的正面朝上

图 2-7

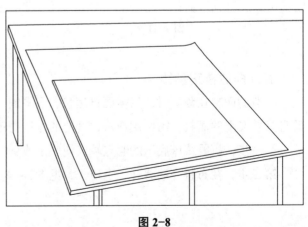

图 2-8

有的款式裁片左右不对称，不适合对折平铺，见图2-9。

图2-10所示这款里布有一个很长的捆条，也不适合对折裁剪。

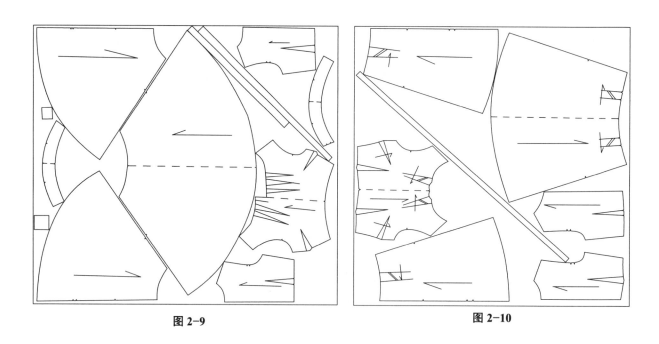

图 2-9　　　　　　　　　　　　　　　　　图 2-10

里布对折裁剪，见图2-11。

衬布对折裁剪，见图2-12。

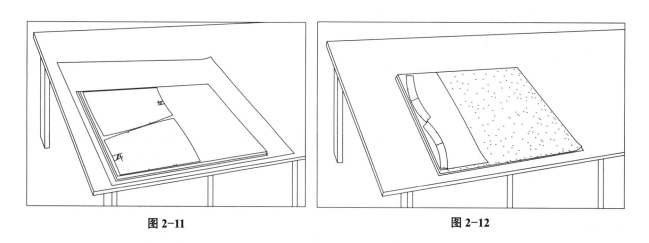

图 2-11　　　　　　　　　　　　　　　　　图 2-12

五、摆放校正丝缕

一般的面料在裁剪时，只需要自然状态下平铺、不扭曲、不起拱就可以了，但是对于真丝等比较薄且又软又滑的面料，需要用严格、规范的方法摆正丝缕，具体的步骤是：

第一步，折叠裁床底纸的起点端，使底纸成90°直角，见图2-13。

第二步，在布料一端剪开一个口子，见图2-14。

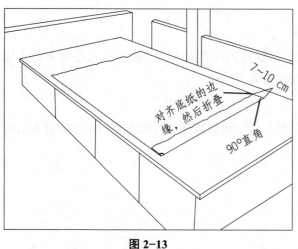

7~10 cm

对齐底纸的边缘，然后折叠

90°直角

图 2-13

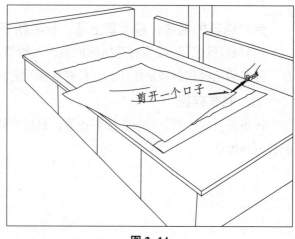

剪开一个口子

图 2-14

第三步，再用手撕开，这样布料这一端的纱向就很正、很直，见图2-15。需要注意的是，针织布不可以用手撕开，只能用剪刀剪开。

第四步，铺布时，起点这一端要用力抻一抻，使布纱绷直，见图2-16。

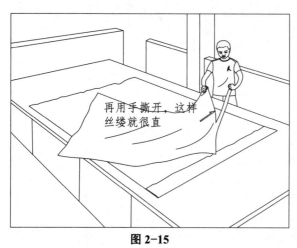

再用手撕开，这样丝缕就很直

图 2-15

铺布的时候，起点这一端用力抻一抻，使布纱绷直

图 2-16

第五步，把布料铺在底纸上，对齐靠近自己站立这一边的布边边缘和经过校正的这一端，再用鸡毛掸把布料向前方和另外一端抹平，见图2-17。

第六步，最后铺上排料图，就可以进行裁剪了，见图2-18。

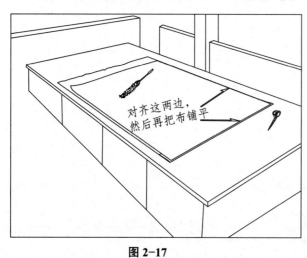

对齐这两边，然后再把布铺平

图 2-17

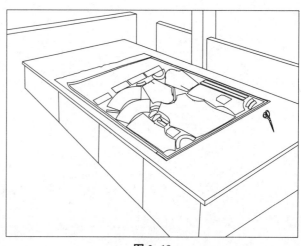

图 2-18

六、面料的毛向，短毛朝上裁，长毛朝下裁

如果是丝绒、条绒等有毛向的面料，一般情况下，较浅的逆毛向上裁，较深的顺毛向下裁（注意，翻领的毛向和衣身是相反的，只有立领的毛向和衣身方向一致）。

七、剩布存档

板布裁剪后，剩下的布头贴好标签，放置在储存架上，以备修改样衣时的配片和购买大货布料时的校对和确认。

第三章　半裙缝制

第一节　款式与特征

此款裙面布左右边都有一个腰省，后中有剖缝，面布烫开缝；里布左右边都有一个活褶，后中和侧缝为合缝；弯形裙腰，后中装拉链到腰顶，腰烫衬。面布下摆卷边宽度为2 cm，里布下摆卷边宽度为0.6 cm，见图3-1。

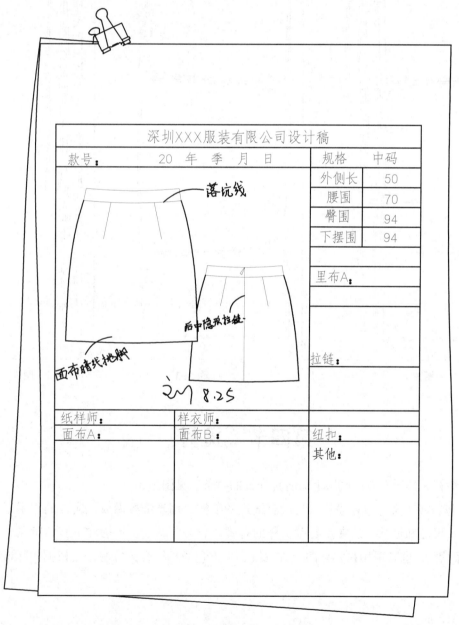

深圳XXX服装有限公司设计稿				
款号：	20　年　季　月　日	规格	中码	
		外侧长	50	
		腰围	70	
		臀围	94	
		下摆围	94	
		里布A：		
		拉链：		
纸样师：	样衣师：			
面布A：	面布B：	纽扣：		
		其他：		

落坑线

后中隐形拉链

面布暗线挑脚

图 3-1

第二节　具体制作工序

排料裁剪→烫衬→面布拷边→面布收省→拼合面布→烫开缝→里布缝纫→安装裙腰→安装隐形拉链→套里布→腰缝压线→手工→整烫。

第三节　面布、里布和衬布的排料图

面布排料图见图3-2，里布排料图见图3-3，衬布排料图见图3-4。

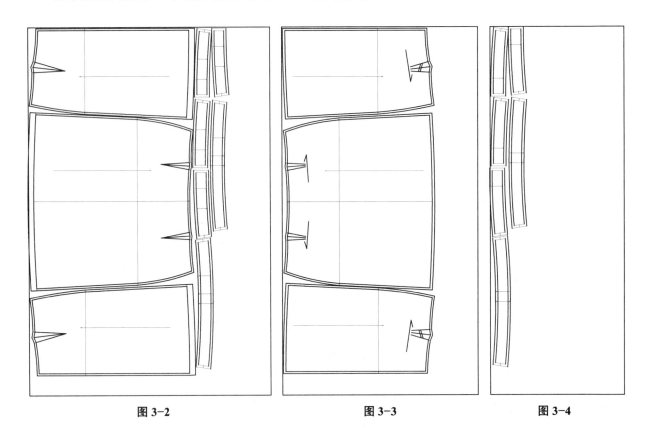

图 3-2　　　　　　　　　　图 3-3　　　　　　　　图 3-4

第四节　烫衬

1. 前后腰烫衬，然后在腰的底层上加防止伸长的衬条，见图3-5。
2. 用实样包烫腰（实样也称净样，是没有缝边的纸样，用硬纸板做成，实样的作用是可以把小部件控制成统一尺寸和形状，通常需要做实样的有腰、袋盖、贴袋、下摆和下脚口烫条、领子、口袋、袋唇、挂面等），也有采用在实样的上方画线、下方包烫相结合的方法，要根据实际情况灵活运用，见图3-6。

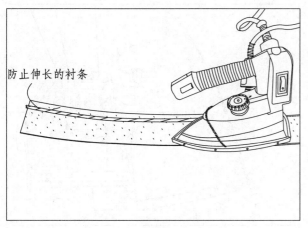

图 3-5

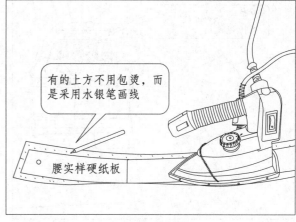

图 3-6

3. 烫下摆折边，见图3-7。

4. 烫隐形拉链，目的是让隐形拉链变平整，这样安装隐形拉链时，单边压脚可以更加靠紧拉链齿的边缘，同时熨斗的蒸汽可以让拉链预先缩水，见图3-8。

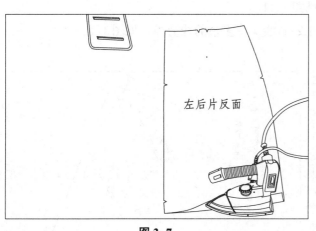

图 3-7

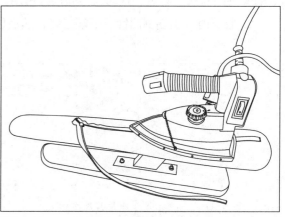

图 3-8

第五节　裙片面布拷边

拷边也称锁边、打边，分为三线拷边、四线拷边和五线拷边。通常情况下，机织服装采用三线拷边，针织服装采用四线拷边，而五线拷边多用于件数比较多的批量生产，它可以拼合和拷边一次性完成，效率比较高。

1. 四线拷边若少安装一条线，也可以当三线拷边机使用，见图3-9。

2. 再把面布后片的侧缝、后中缝合，下摆拷边，见图3-10。

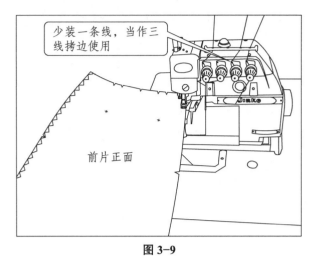

图 3-9

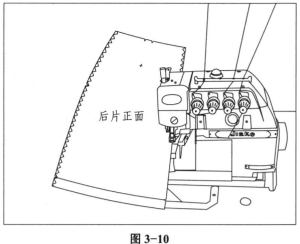

图 3-10

第六节　面布收省，拼缝合烫开缝

1. 收前后省。收省虽然是一个普通的简单工序，但是真正合格、美观的省要求，省的线迹顺直，下端要逐渐变尖，省量、省的长度和位置精确，见图3-11。

2. 收省时，上端倒回针，下端打结，然后留1.2 cm线头，多余的线剪掉，见图3-12。

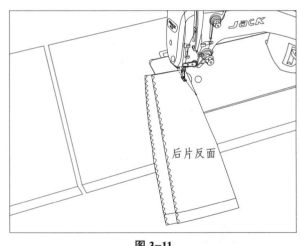

图 3-11

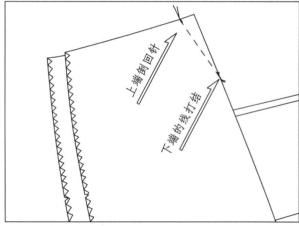

图 3-12

3. 省的顶端用缝纫机把省的倒向固定住，不需要倒回针，见图3-13。

4. 省倒向固定完成后的前片，见图3-14，后片也这样处理。

5. 拼合后中缝，留出隐形拉链的位置，见图3-15。

6. 然后拼合左侧缝，见图3-16。

7. 再拼合右侧缝，见图3-17。

8. 把面布的后中缝及左、右侧缝烫开缝，见图3-18。

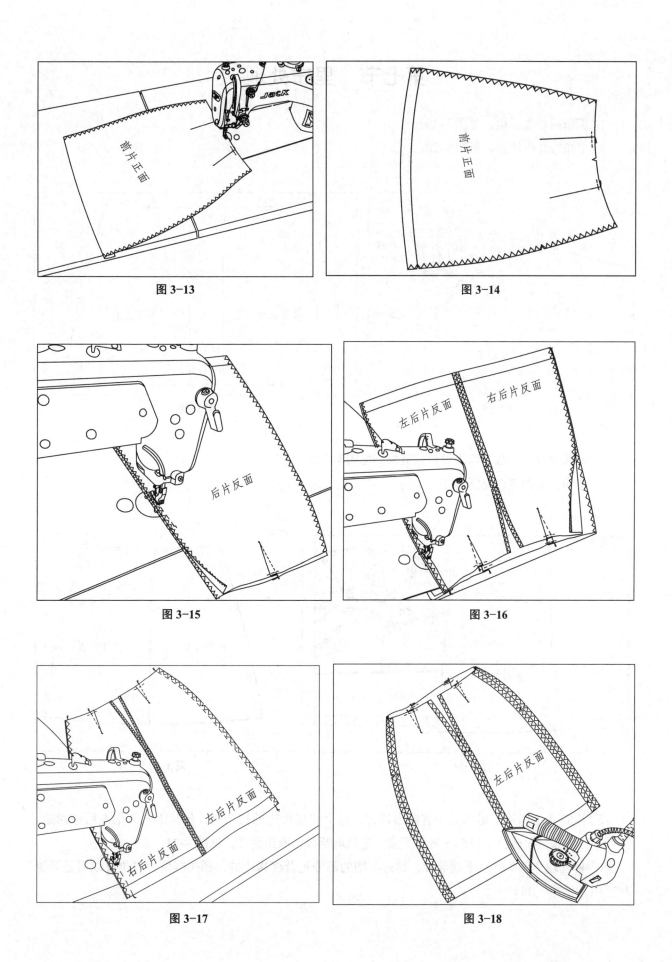

图 3-13

图 3-14

图 3-15

图 3-16

图 3-17

图 3-18

第七节　里布处理

1. 里布前片收活褶，见图 3-19。
2. 里布后片收活褶，见图 3-20。

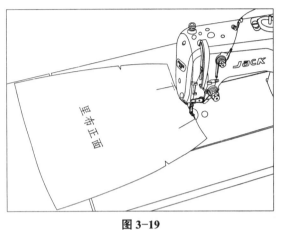

图 3-19

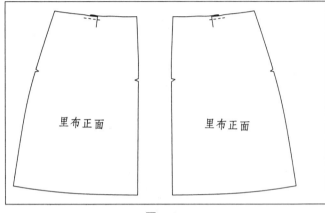

图 3-20

3. 里布拼合后中缝，留出隐形拉链位，见图 3-21。
4. 里布拼合侧缝，见图 3-22。

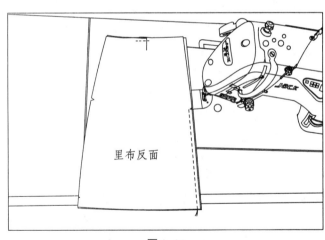

图 3-21

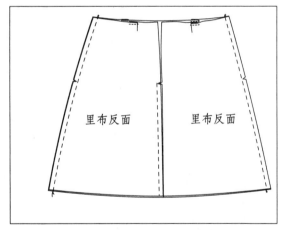

图 3-22

5. 里布后中拷边。里布后中有隐形拉链，这个位置拷边的技巧是，先从上向下把左后中拷边，到开衩处，超过拉链位刀口 5 cm 处停下来，然后剪断线，取出后片，见图 3-23。

6. 再把裁片调头，从下摆起针，靠近下摆的部分是合缝拷边的，到拉链位刀口位置以后是开缝拷边的，见图 3-24。

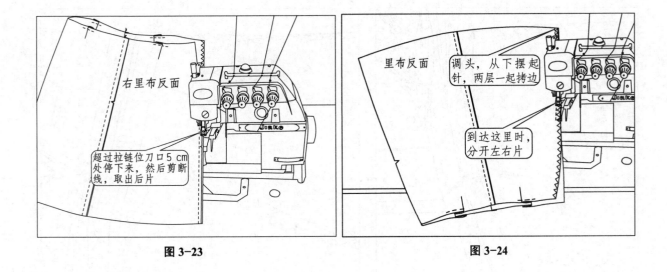

图 3-23

图 3-24

7. 里布侧缝拷边，见图 3-25。

8. 卷里布下摆，见图 3-26。

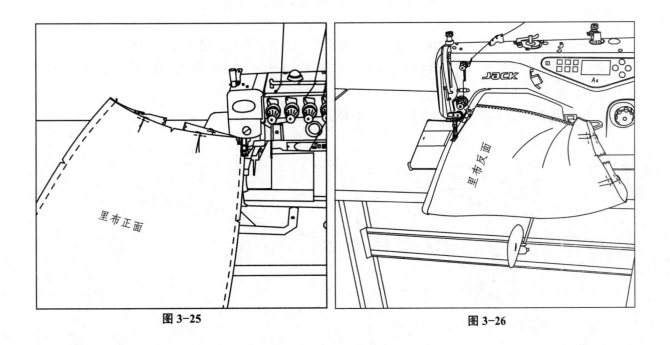

图 3-25

图 3-26

第八节　安装裙腰

1. 把腰装在面布上起针，见图 3-27。

2. 继续装腰，对准侧缝和前中刀口，见图 3-28。

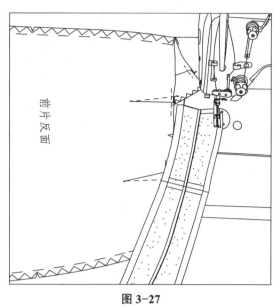

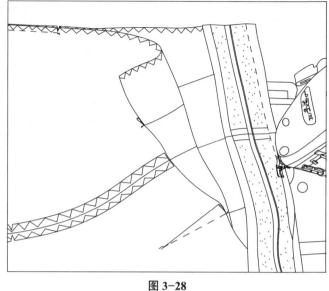

图 3-27	图 3-28

第九节　安装隐形拉链

1. 包住隐形拉链的尾部。先确定隐形拉链的长度。注意，要在拉链净长尺寸基础上加长4 cm。然后把隐形拉链正面朝上，尾部剪短（也可以先安装隐形拉链，后包尾部），用一块方形里布包住，缉一条线，见图3-29。

2. 拉链尾部留0.6 cm，多余的连布头一起剪掉，见图3-30。

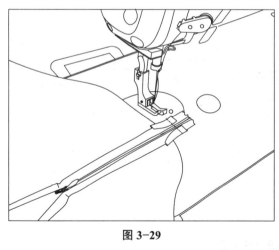

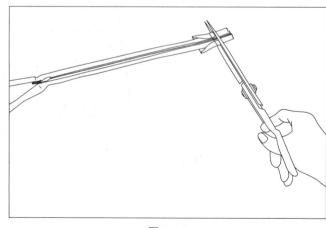

图 3-29	图 3-30

3. 把隐形拉链翻过来，反面朝上，布头翻转，包住拉链尾部，再缉一条线，见图3-31。

4. 安装单边压脚。单边压脚又分左边单边压脚和右边单边压脚。安装隐形拉链选用的是右边单边压脚，见图3-32。

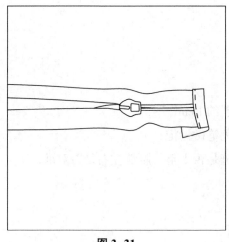

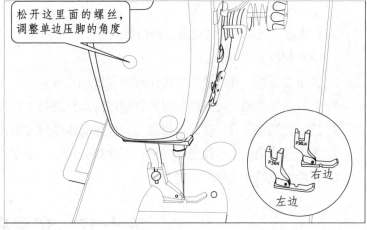

松开这里面的螺丝，调整单边压脚的角度

右边

左边

图 3-31   图 3-32

5. 先安装左边的隐形拉链，见图3-33。

6. 车到拉链下端，超过拉链位刀口1 cm处停下来，然后倒回针，见图3-34。

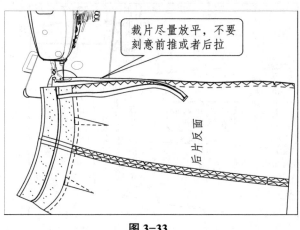

裁片尽量放平，不要刻意前推或者后拉

后片反面

图 3-33

拉链尾至少留3~5 cm

超过拉链位刀口1 cm停止，然后倒回针

后片反面

图 3-34

7. 把隐形拉链拉到顶，然后用褪色笔或者锥子在隐形拉链布边上做两个标记，分别是在左腰缝处和拉链位刀口处，见图3-35。

8. 把裙子调转方向，下摆朝前，再安装右边的隐形拉链，见图3-36。

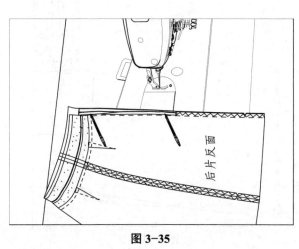

后片反面

图 3-35

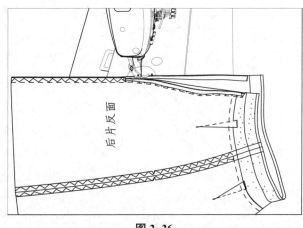

后片反面

图 3-36

综上所述，熨烫、安装隐形拉链的要点是：

1. 隐形拉链要烫一下；

2. 换单边压脚，并且要把单边压脚的角度调整好；

3. 先安装左边的，终点的位置可以超过隐形拉链的刀口位置约 1 cm；

4. 然后把拉链拉合，在隐形拉链刀口位置和腰缝位置用褪色笔做标记；

5. 再安装右边的隐形拉链，完成后再次拉合拉链，检查拉链是否平整、腰缝左右是否对准；

6. 最后完成腰头和里布的缝合。

第十节　套里布

1. 先把后左里布和隐形拉链相缝合，见图3-37。

2. 缝住里布右边拉链，见图3-38。

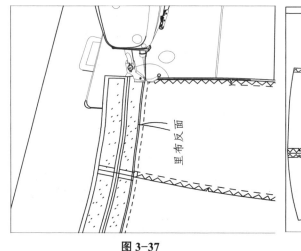

图 3-37

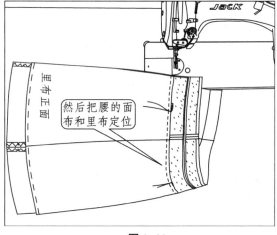

图 3-38

3. 然后再封住裙腰两头，见图3-39。

4. 把高低压脚换成单边压脚，把面布和里布在腰的止口上拼合，见图3-40。

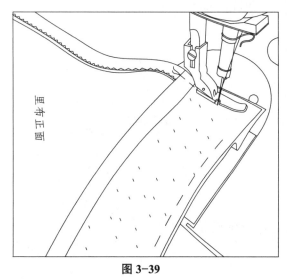

图 3-39

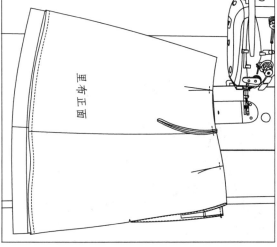

图 3-40

第十一节　腰缝压线

1. 在装腰的缝子中间压线，也称落坑线，见图3-41。
2. 完成后裙子反面的状态，见图3-42。

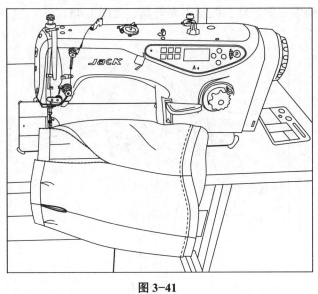

图 3-41

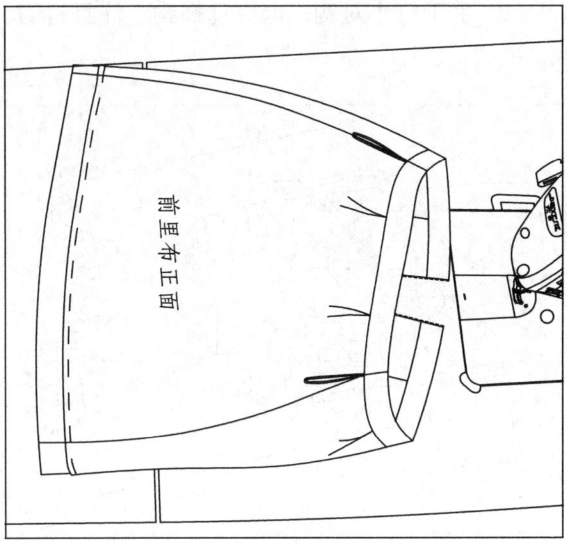

图 3-42

3. 完成后后片的状态，见图3-43。

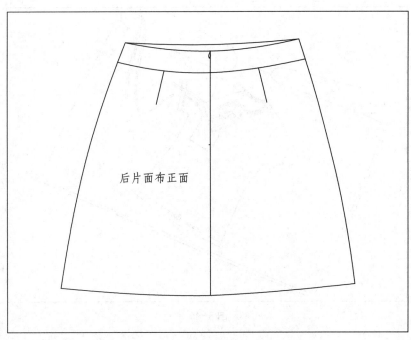

图 3-43

第十二节　后道完成

后道是一种通俗的名称，泛指服装生产后部分的工序，包括打扣眼、钉纽扣、挑线、整烫、包装，而把中烫和缝纫称为前道。

1. 机器挑线，见图3-44。

2. 手工钉小对钩，也称乌蝇钩。注意钉时，前端要固定住，线结不要外露，见图3-45。

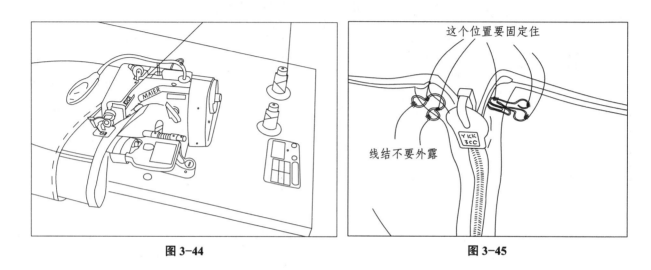

图 3-44　　　　　　　　　　　　　　　　　图 3-45

3. 然后整烫，针织衫采用扁平的整烫方式，见图3-46。

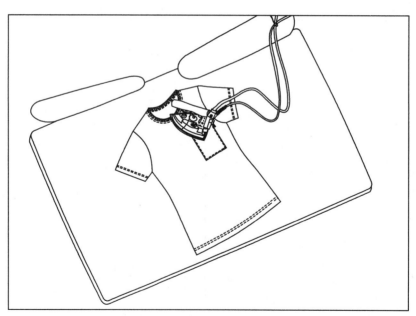

图 3-46

第四章　女西裤缝制

第一节　款式与特征

1. 此款前腰左、右各一个活褶，后腰处有省，前后烫中缝，前斜插袋，后一字袋，半成品打扣眼，六个裤襻，拉链门襟在左边，拉链底襟有一个斜凤眼，后腰中间断开，见图4-1。

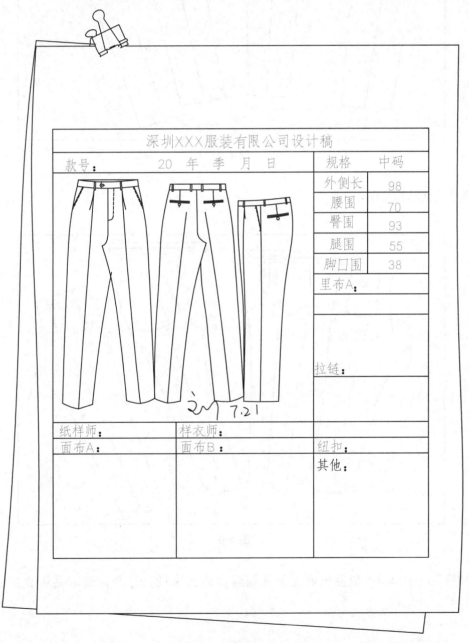

深圳XXX服装有限公司设计稿				
款号：	20　年　季　月　日		规格	中码
			外侧长	98
			腰围	70
			臀围	93
			腿围	55
			脚口围	38
			里布A：	
			拉链：	
纸样师：	样衣师：			
面布A：	面布B：		纽扣：	
			其他：	

图4-1

2. 女西裤正面结构见图4-2。

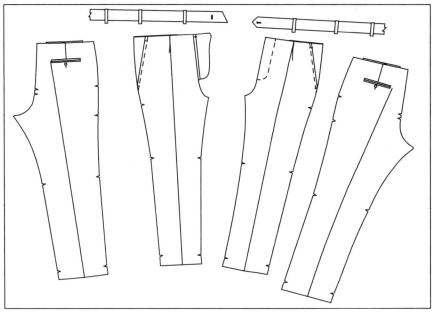

图 4-2

3. 女西裤反面结构见图4-3。

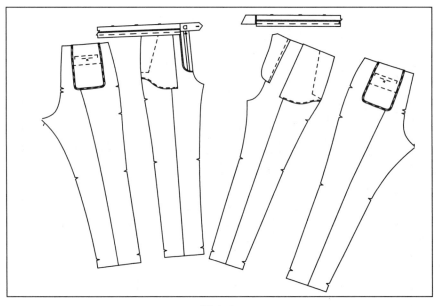

图 4-3

4. 成品腰底见图4-4。成品腰底是指从辅料商店买来的，已经做成成品可直接使用的裤腰底层。

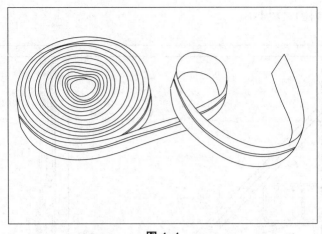

图 4-4

第二节 具体制作工序

排料裁剪→烫衬→拷边→做前袋→收后腰省→开后袋→装拉链→拼合外侧缝、内侧缝和裆缝→做腰→装腰→订裤襻→打套结和打凤眼→钉纽扣与挑裤脚→整烫完成。

第三节 排料图

1. 面布的排料图见图4-5。

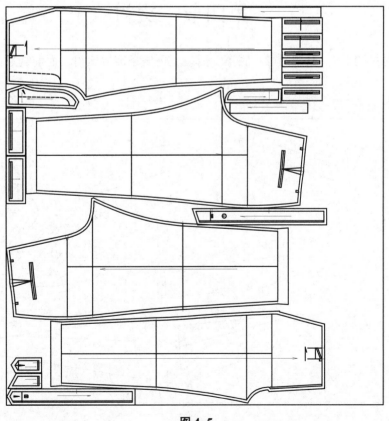

图 4-5

2. 里布和衬料的排料图见图4-6。

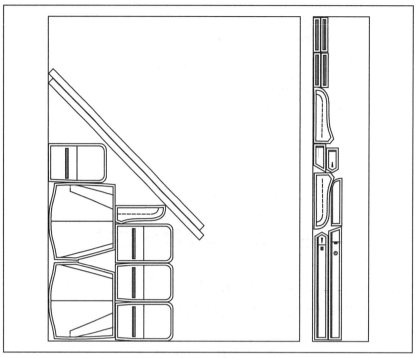

图 4-6

第四节　烫衬

1. 附件烫衬见图4-7。其中门襟、底襟、后袋上下嵌条需要烫衬，而前袋贴、后袋贴是不需要烫衬的。

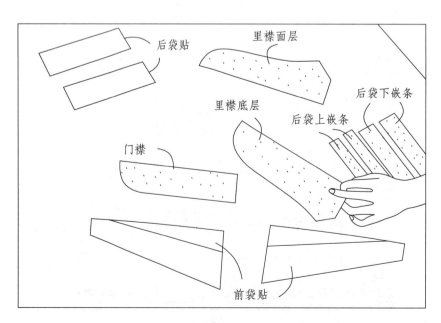

图 4-7

2. 烫衬裤腰并用实样（即净样）包烫，见图4-8。

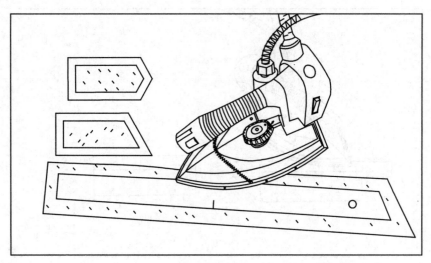

图 4-8

3. 门襟、底襟、后袋上嵌条烫衬，见图4-9。

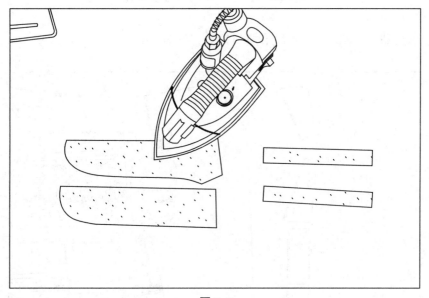

图 4-9

4. 后袋下嵌条烫衬，见图4-10。

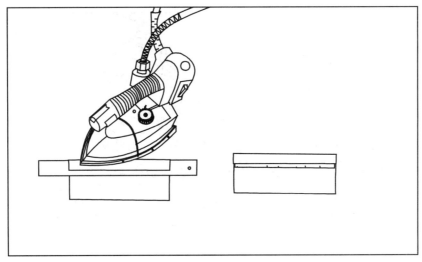

图 4-10

第五节　裤片拷边

把前袋贴、后袋贴、外侧缝、内侧缝和脚口拷边，见图4-11。

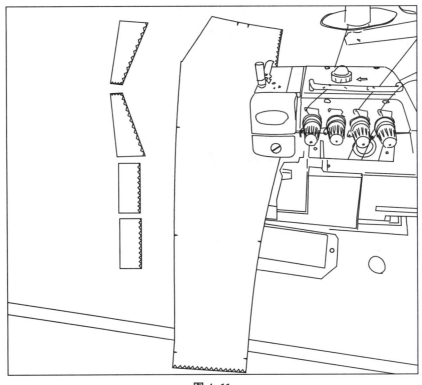

图 4-11

第六节　做前袋

1. 把前袋贴缝到前袋布上，见图4-12。

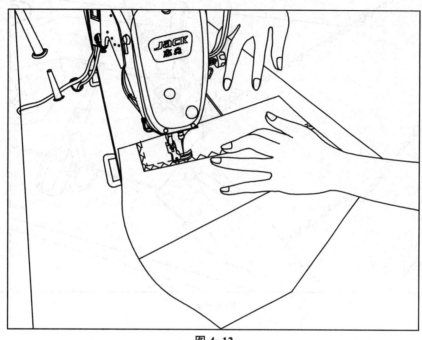

图 4-12

2. 把前袋贴上端固定住，见图4-13。

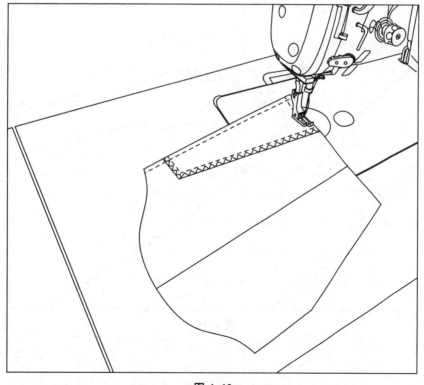

图 4-13

3. 把前袋布缝到前片上，再翻过来压0.6 cm单线，见图4-14。

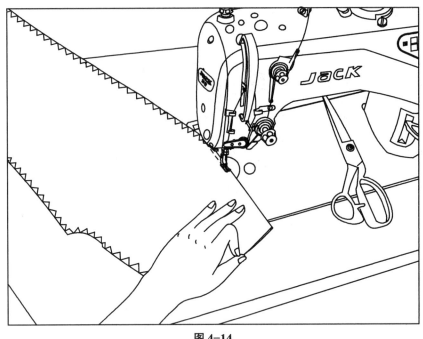

图 4-14

4. 缝合前袋布后，袋口两头封针，见图4-15。

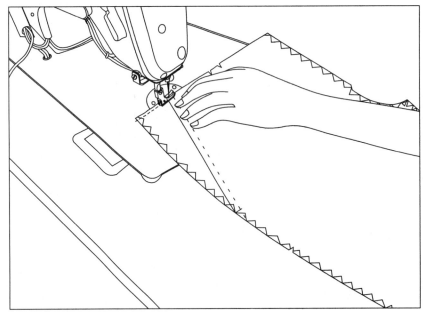

图 4-15

5. 前片面布活褶定位，外侧缝拷边，见图4-16。

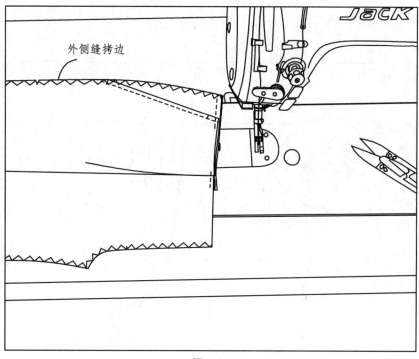

外侧缝拷边

图 4-16

6. 整烫面布前褶和前、后中缝，拷边线也要烫平，见图4-17。

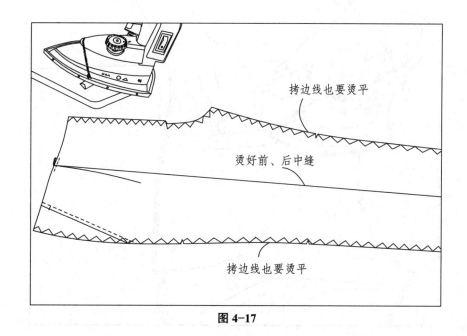

拷边线也要烫平

烫好前、后中缝

拷边线也要烫平

图 4-17

第七节　收后腰省

1. 烫平后腰省，见图4-18。

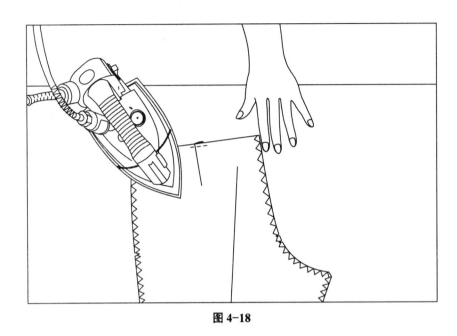

图 4-18

2. 烫后开袋的衬，见图4-19。

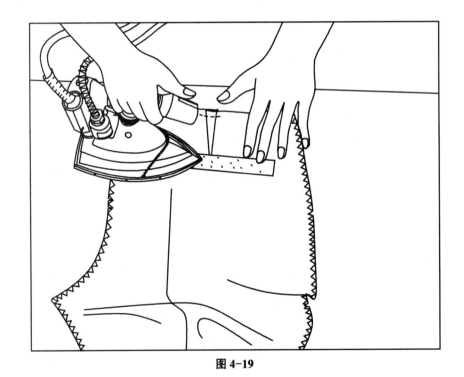

图 4-19

第八节　开后袋

1. 开后袋，先在袋唇上缉定位线，并修剪多出的止口，见图4-20。

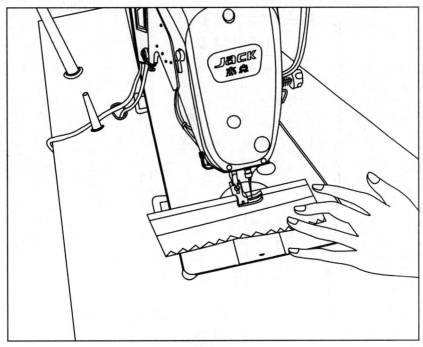

图 4-20

2. 再把手前袋布（手插入口袋时，靠在手心这一边的口袋布简称"手前袋布"，反之，手背这一边的口袋布，简称"手背袋布"）定位到后片上，见图4-21。

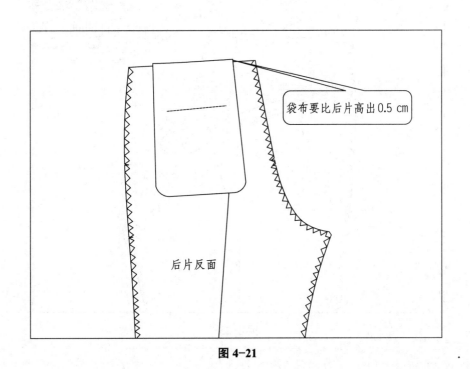

袋布要比后片高出0.5 cm

后片反面

图 4-21

3. 然后把上袋嵌条和下袋嵌条缉到开袋位置，注意上、下袋嵌条间距、长度、宽度和两头角度要合适，见图4-22。

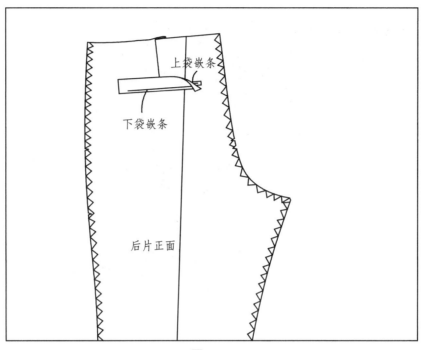

图 4-22

4. 从袋位中间剪开，两头剪成三角形刀口，然后翻过来，把嵌条烫平，见图4-23。

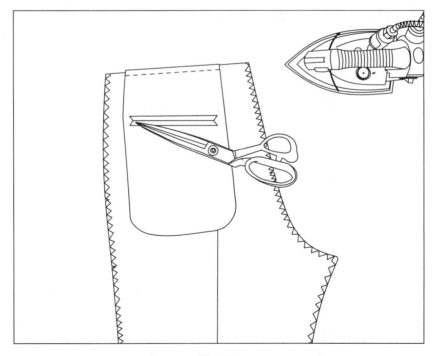

图 4-23

5. 半成品打后袋平眼，见图4-24。

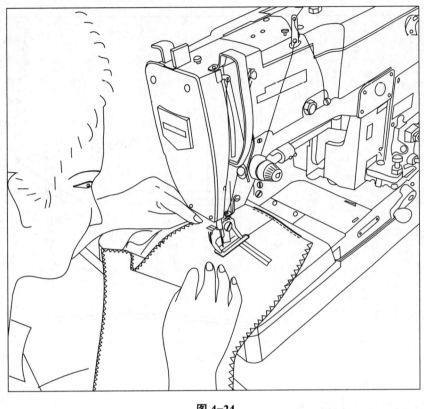

图 4-24

6. 把后袋贴布缝到手背袋布上，见图4-25。

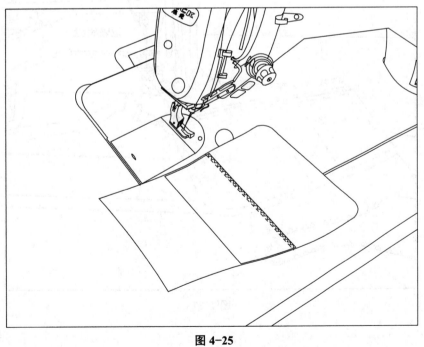

图 4-25

7. 缝合手前袋布，嵌条上方定位、两头定位，见图4-26。

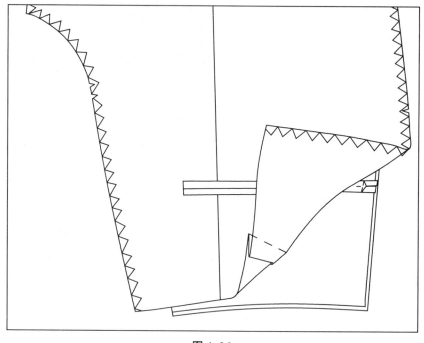

图 4-26

8. 最后在袋布的边缘包捆条，见图4-27。

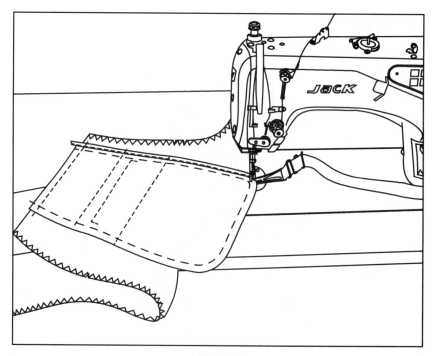

图 4-27

9. 烫平后袋，见图4-28。

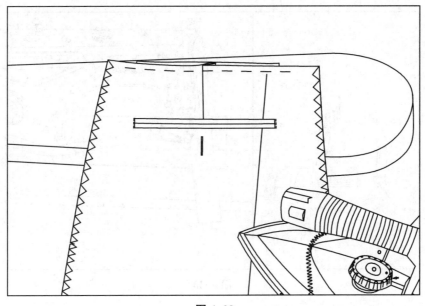

图4-28

第九节　装拉链

1. 门襟用卷筒包捆条，见图4-29。

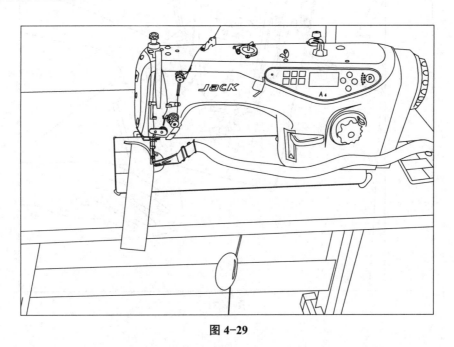

图4-29

2. 包边工具卷筒见图4-30。

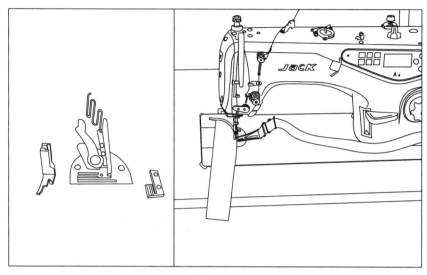

图 4-30

3. 做拉链贴，先把拉链贴的面层和底层重叠在一起，反面朝外，见图4-31。

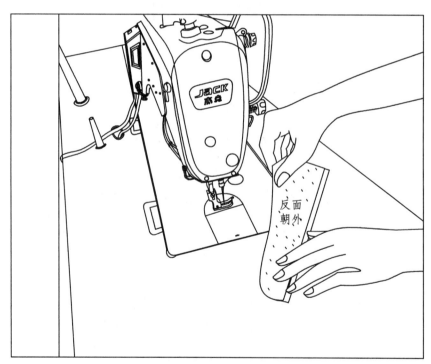

图 4-31

4. 然后缝合，见图4-32。

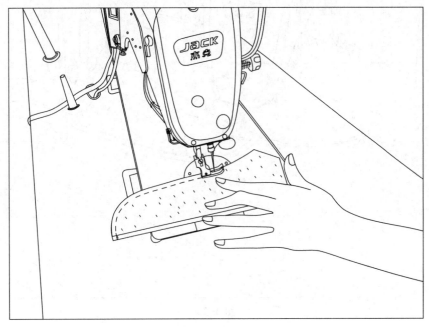

图 4-32

5. 再翻过来整烫平服，见图4-33。

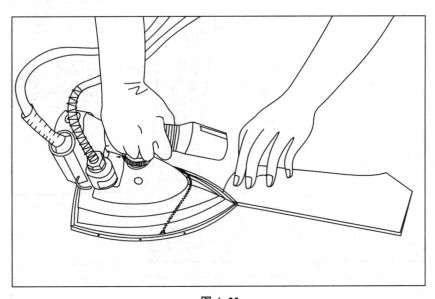

图 4-33

6. 装门襟，然后翻过来压暗线，见图4-34。

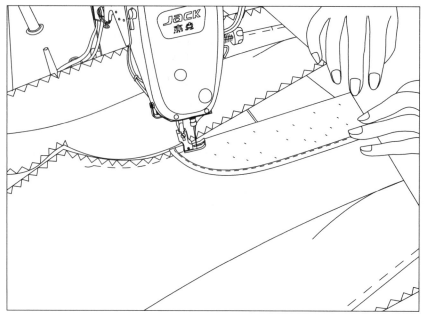

图 4-34

7. 把拉链缉到右边底襟上，见图4-35。

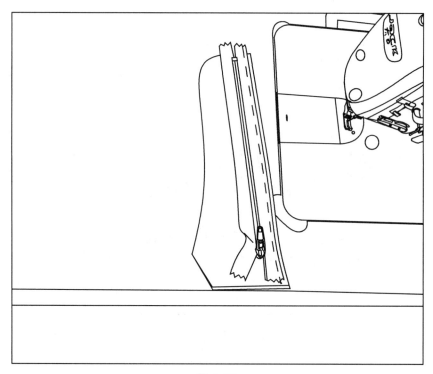

图 4-35

8. 把右底襟缝到右前片上，见图4-36。

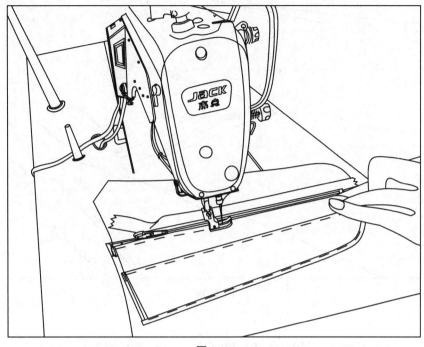

图 4-36

9. 把拉链缉到左边的门襟上，缉两条线，见图4-37。

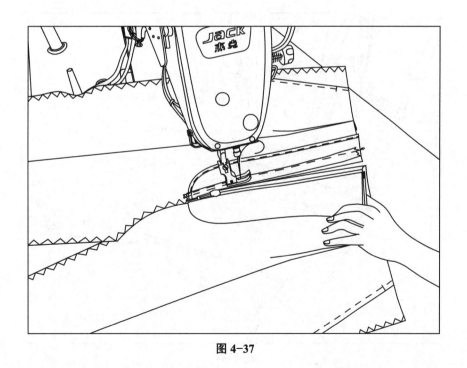

图 4-37

10. 拉链完成后的状态见图4-38。

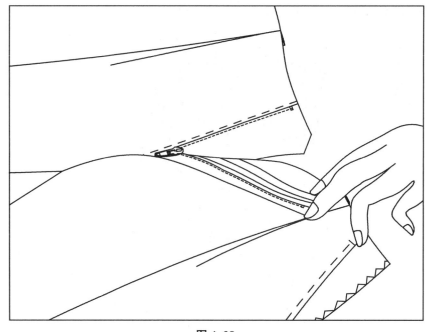

图 4-38

第十节　拼合外侧缝、内侧缝和裆缝

1. 拼合外侧缝和内侧缝，见图4-39。

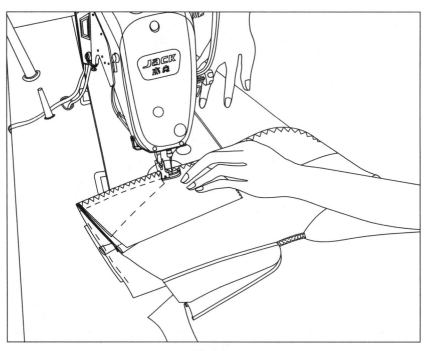

图 4-39

2. 缝合后裆的技巧。把任何一只裤腿先翻过来，然后放进另外一只裤腿里面，后裆就自然重合在一起，这样缝合后裆非常方便和快捷，见图4-40。后裆缝合后，把外侧缝、内侧缝及前、后裆缝都烫开。

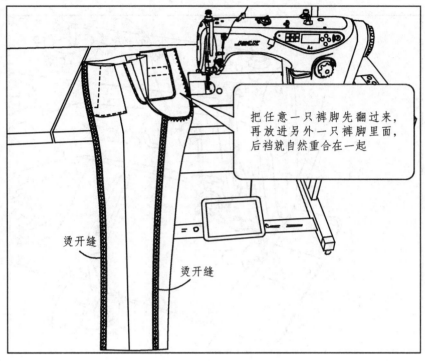

把任意一只裤脚先翻过来，再放进另外一只裤脚里面，后裆就自然重合在一起

烫开缝

烫开缝

图 4-40

第十一节　做腰和裤襻

1. 做腰，见图4-41。

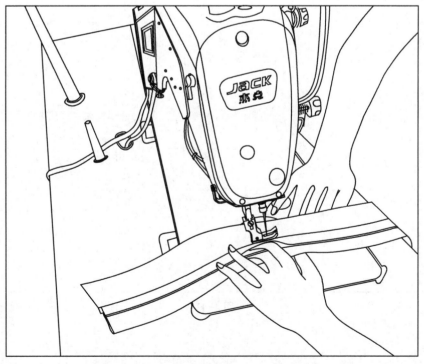

图 4-41

2. 做裤襻，见图4-42。

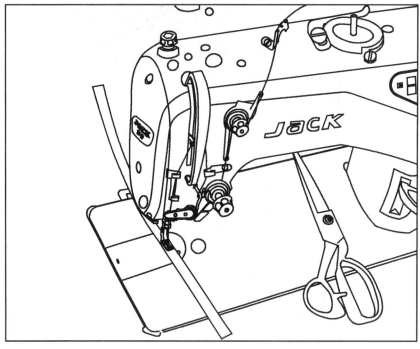

图 4-42

3. 烫裤襻，见图4-43。

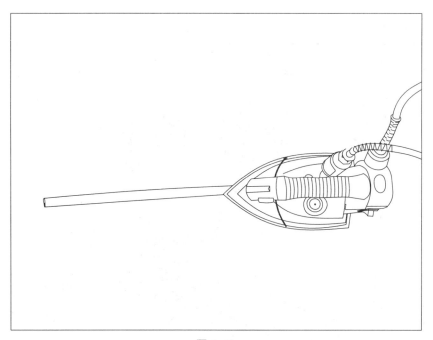

图 4-43

4 裤襻定位，见图4-44。

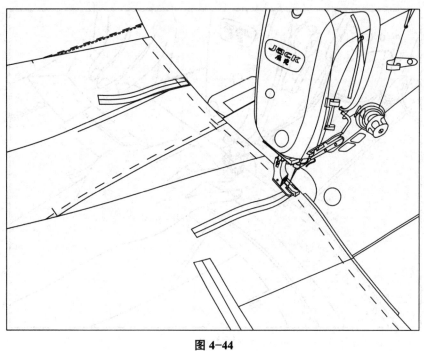

图 4-44

第十二节　装腰

1. 装腰从左腰头起针，见图4-45。

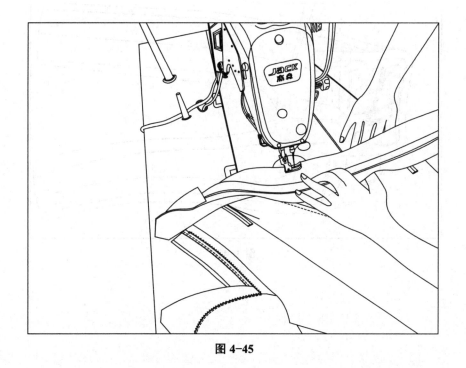

图 4-45

2. 到右腰头收针，见图4-46。

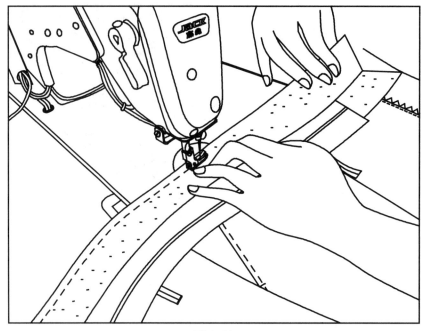

图 4-46

3. 翻转腰头，见图4-47。

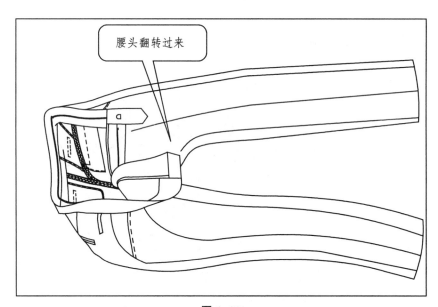

腰头翻转过来

图 4-47

4. 钉裤钩，见图4-48。

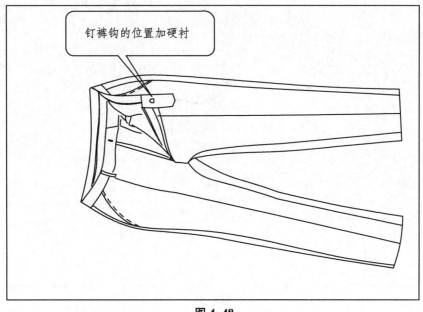

钉裤钩的位置加硬衬

图 4-48

5. 压门襟明线，注意要控制好门襟线迹的宽度和弯度，另外要注意压线时，把底襟的下端折一下，不要缝住底襟，见图4-49。

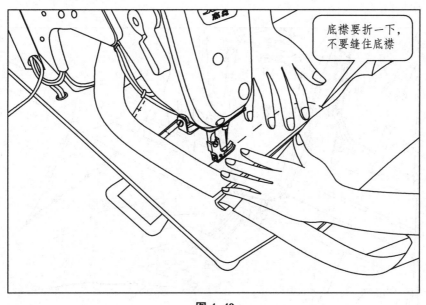

底襟要折一下，不要缝住底襟

图 4-49

6. 腰头压线，见图4-50。

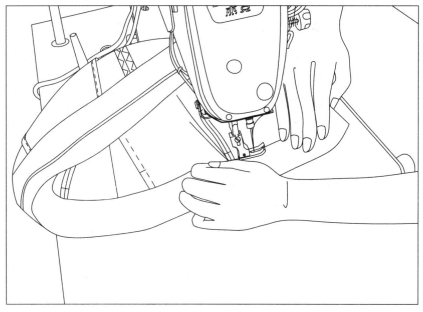

图 4-50

第十三节　钉裤襻

1. 钉裤襻下端，见图4-51。

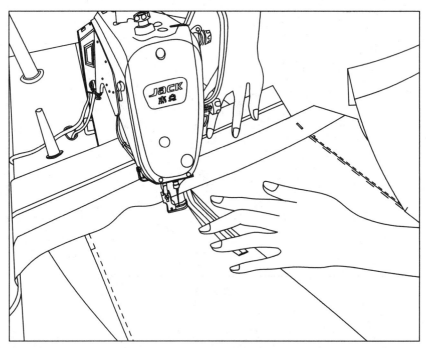

图 4-51

2. 钉裤襻上端，见图4-52。

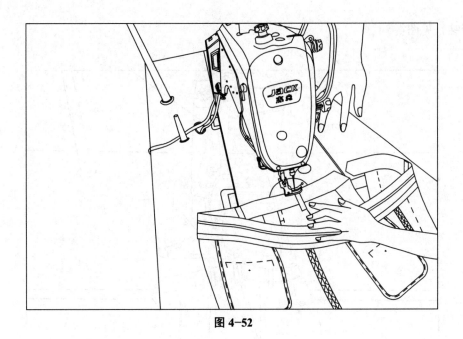

图 4-52

3. 钉裤襻的方法，见图4-53。

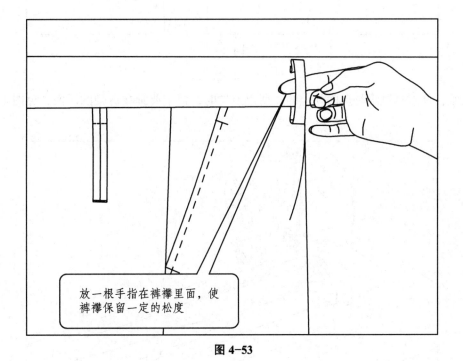

放一根手指在裤襻里面，使
裤襻保留一定的松度

图 4-53

第十四节　打套结和打凤眼

1. 打套结，见图4-54。

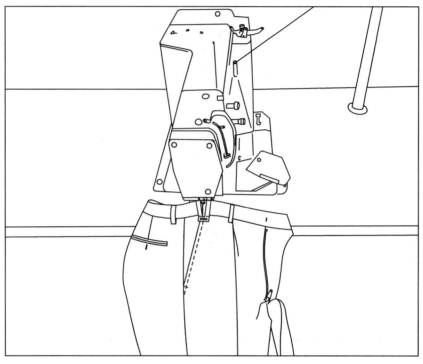

图 4-54

2. 打凤眼，注意打凤眼是反面朝上的，所以点位时，标记要画在裤腰的反面，见图4-55。

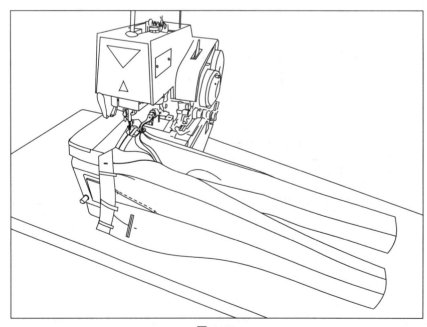

图 4-55

第十五节　钉纽扣和挑裤脚

1. 钉纽扣，见图4-56。

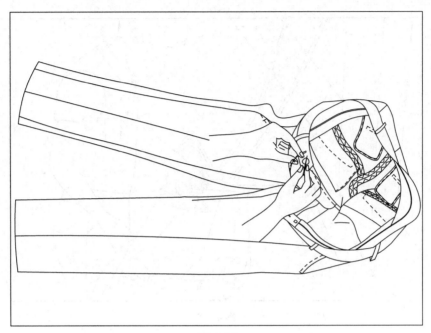

图 4-56

2. 手工三角针挑脚口，见图4-57。

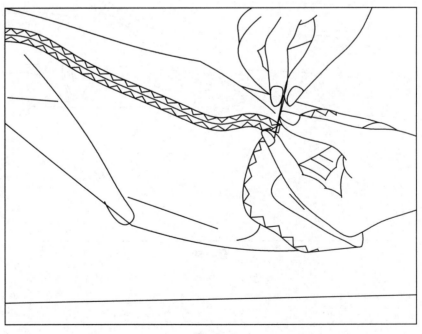

图 4-57

第十六节　整烫

1. 整烫侧边，见图4-58。

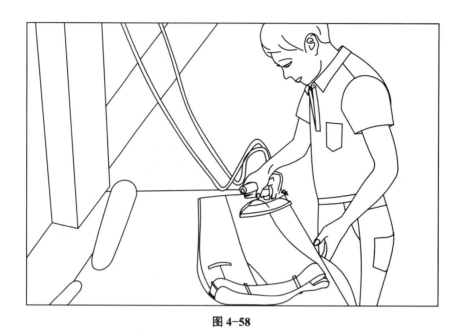

图 4-58

2. 整烫中缝，见图4-59。

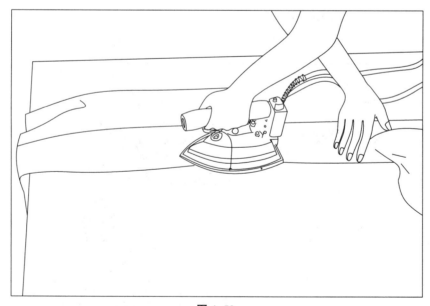

图 4-59

3. 整烫后省和后袋，见图4-60。

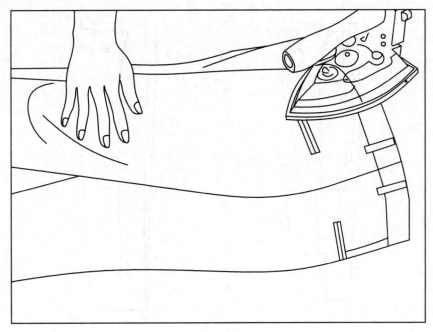

图 4-60

4. 整烫内缝，见图4-61。

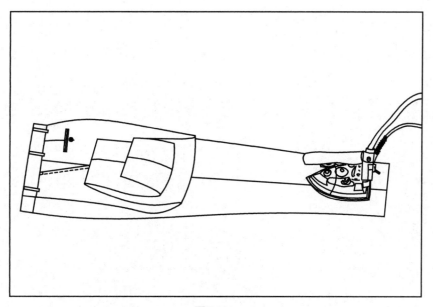

图 4-61

5. 完成效果见图4-62。

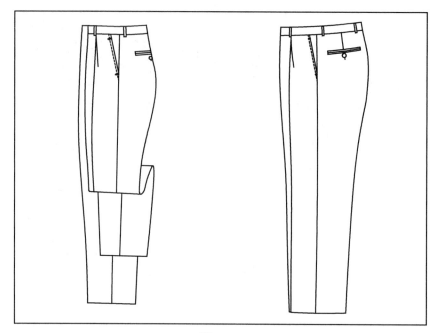

图 4-62

第五章　合体女衬衫缝制

第一节　款式与特征

此款为收腰衬衫，前、后有腰省，后育克双层，弧形下摆，宝剑头袖衩，圆角克夫，上领无明线，下领有边线，见图5-1。

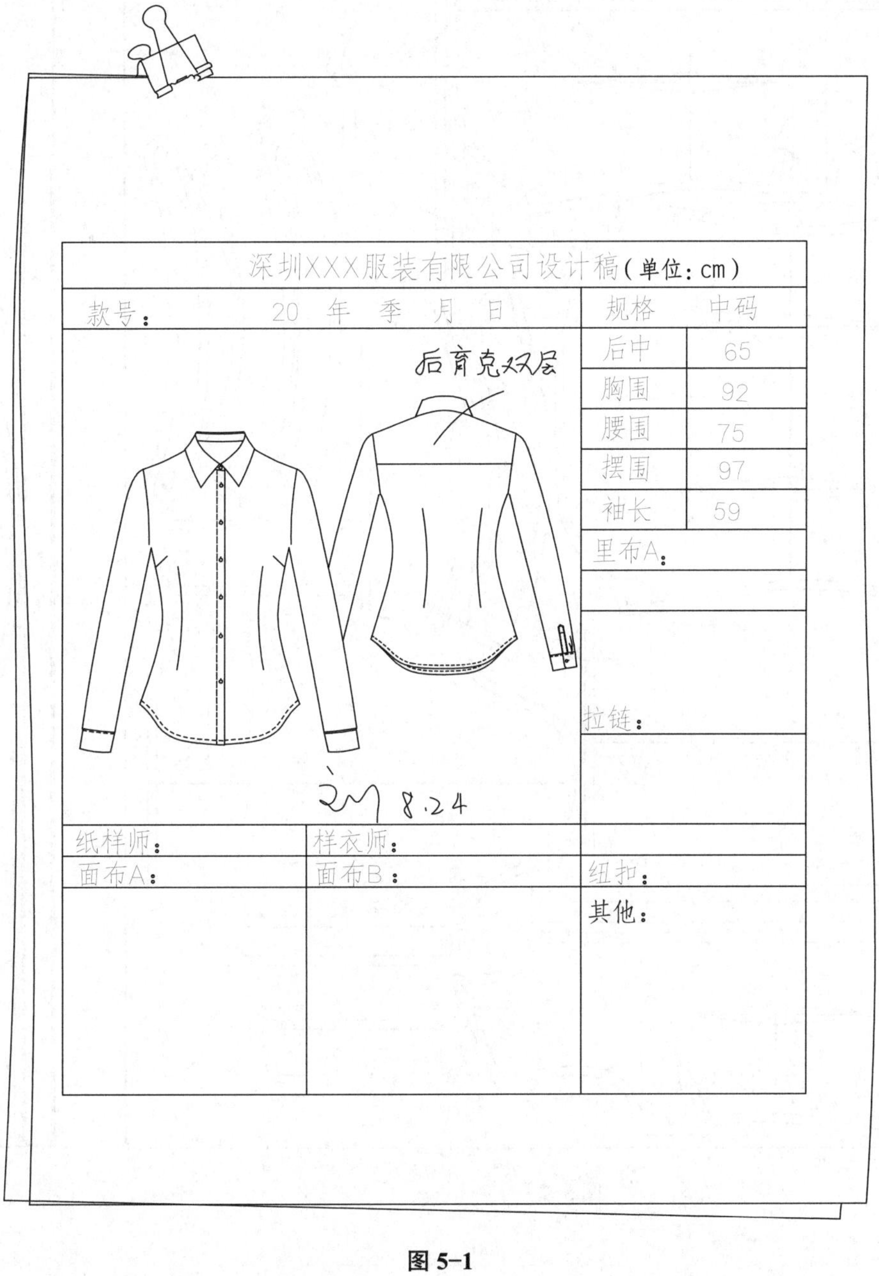

深圳XXX服装有限公司设计稿（单位：cm）			
款号：	20　年　季　月　日	规格	中码
	后育克双层	后中	65
		胸围	92
		腰围	75
		摆围	97
		袖长	59
		里布A：	
		拉链：	
	辽 8.24		
纸样师：	样衣师：		
面布A：	面布B：	纽扣：	
		其他：	

图 5-1

第二节　具体制作工序

排料裁剪→包烫→缉门襟、底襟，收胸省→收前、后腰省→拼合后育克→拼合肩缝、侧缝→做上领→做下领→装领→开袖衩→拼合袖底缝→装袖子→卷弧形下摆→开扣眼，钉扣子→整烫。

第三节　排料和裁剪

1. 面料排料图见图5-2，衬布排料图见图5-3。

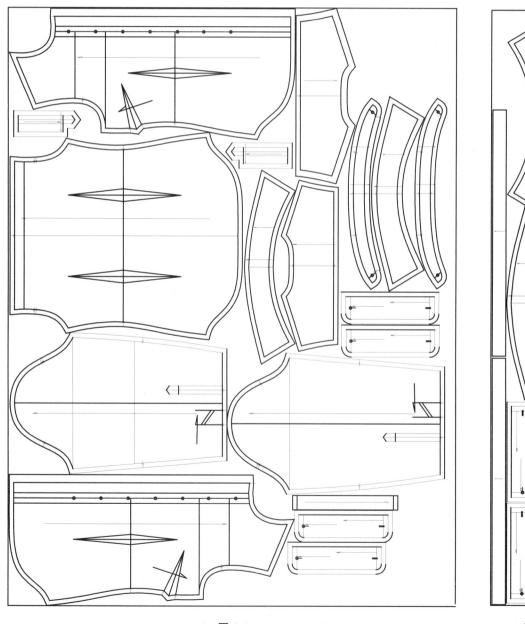

图5-2　　　　　　　　　　　　　　　　　　　　　　图5-3

第四节　烫衬

1. 把右前片反面朝上摆放，先烫门襟衬，见图5-4。

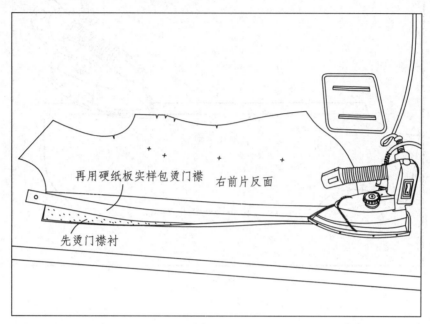

再用硬纸板实样包烫门襟

右前片反面

先烫门襟衬

图 5-4

2. 再用硬纸板实样包烫门襟，见图5-5。

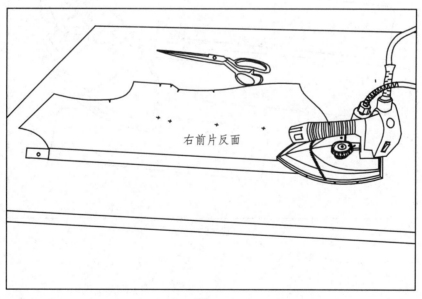

右前片反面

图 5-5

3. 左前片的底襟也这样包烫好，见图5-6。

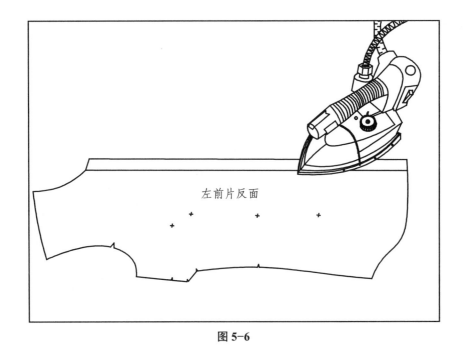

左前片反面

图 5-6

4. 克夫先烫衬，见图5-7。

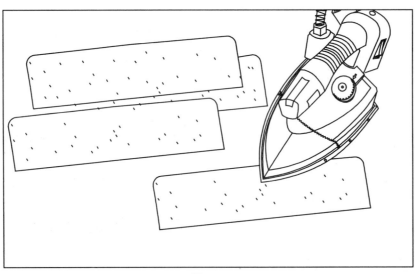

图 5-7

5. 然后用实样包烫，可以结合画线的方法烫衬，其中有两片克夫不需要包烫，见图5-8。

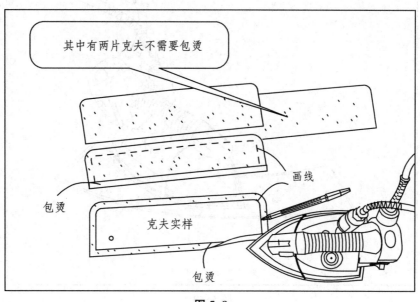

图 5-8

6. 下领烫衬和包烫，见图5-9。

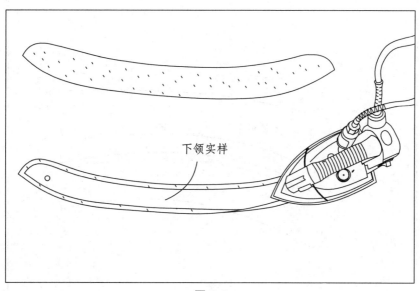

图 5-9

7. 上领烫衬，见图5-10。

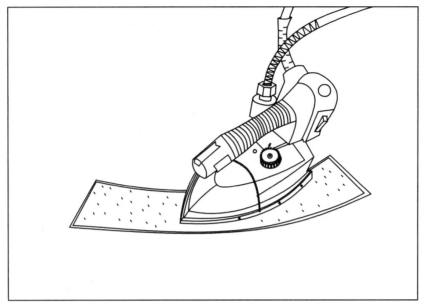

图 5-10

8. 上领包烫，见图5-11。

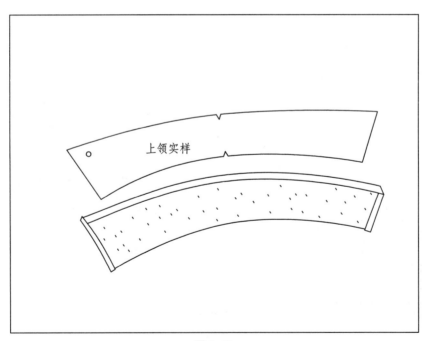

上领实样

图 5-11

第五节　缉门襟、底襟，收胸省

1. 先缉门襟和底襟，然后收胸省，见图5-12。

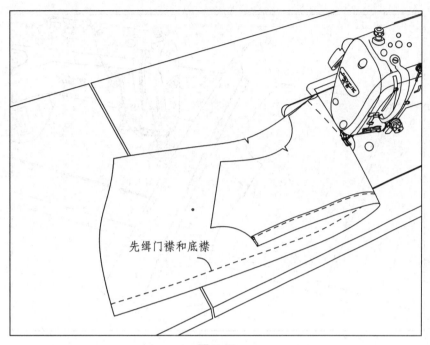

先缉门襟和底襟

图 5-12

2. 胸省定位，见图5-13。

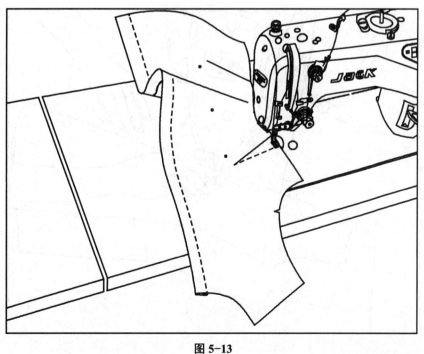

图 5-13

第六节　收前、后腰省

1. 收前腰省，见图5-14。

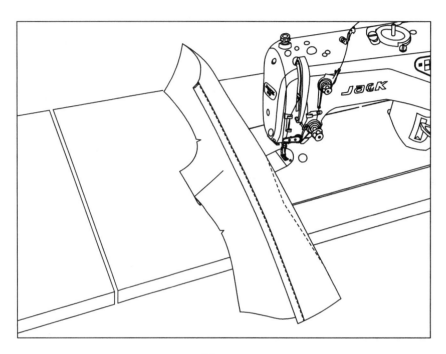

图 5-14

2. 收后腰省，见图5-15。

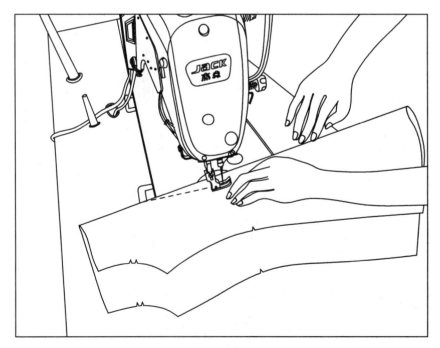

图 5-15

第七节　拼合后育克

1. 拼合后育克。后育克也称后覆肩，一般是两层的，先拼合其中的一层，再在原来的线迹上拼合第二层，把后片夹在中间，见图5-16。

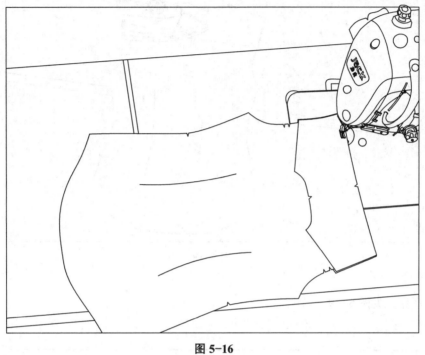

图 5-16

2. 育克底层压一条边线，见图5-17。

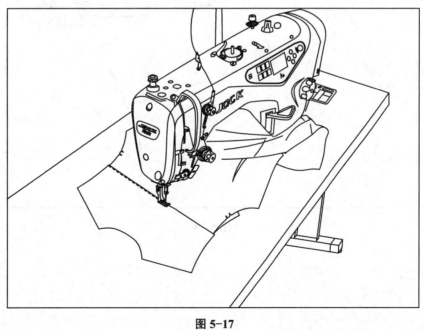

图 5-17

3. 烫平后育克，见图5-18。

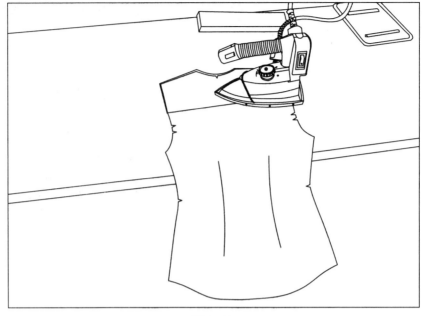

图 5-18

4. 修剪后育克，见图5-19。

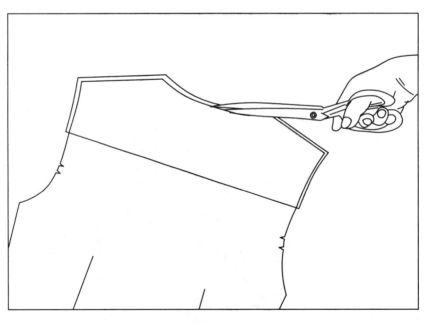

图 5-19

5. 对折后领圈，在后领圈的中点上打刀口，见图5-20。

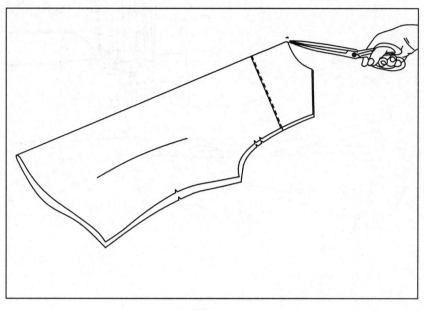

图 5-20

第八节　拼合肩缝、侧缝

1. 缝合前肩缝和后育克面层，见图5-21。

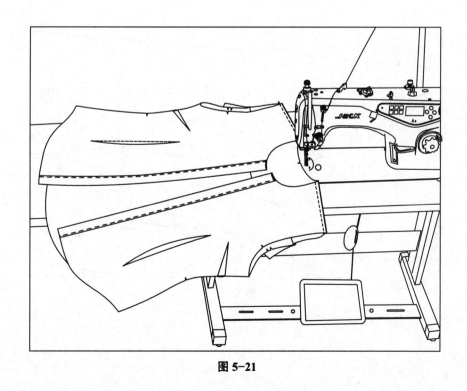

图 5-21

2. 育克底层左肩缝再拼合一次，线迹和第一次的线迹重合，见图5-22。

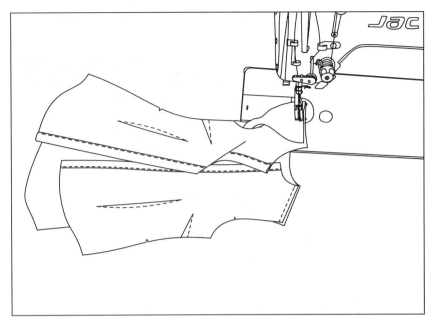

图 5-22

3. 育克底层右肩缝再拼合一次，见图5-23。

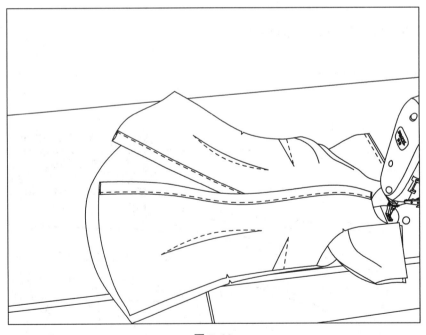

图 5-23

4. 展开前、后片，见图5–24。

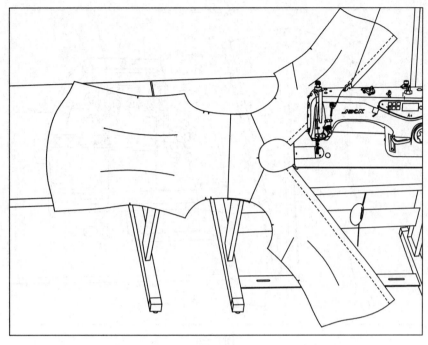

图 5–24

5. 拼合侧缝，见图5–25。

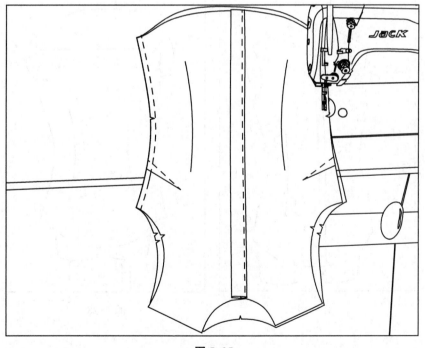

图 5–25

6. 侧缝拷边，见图5-26。

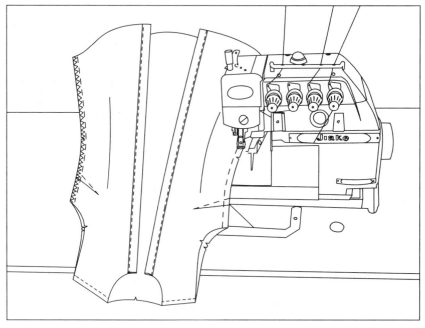

图 5-26

7. 把这个半成品穿在人台上，观察前面、后面的效果，见图5-27、图5-28。

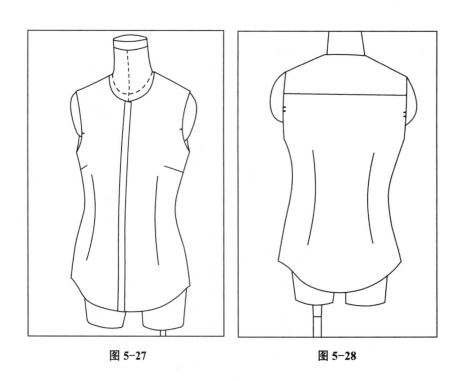

图 5-27   图 5-28

第九节 做上领

1. 勾上领，即做上领。缝到领角时，放一根线在里面，见图5-29。

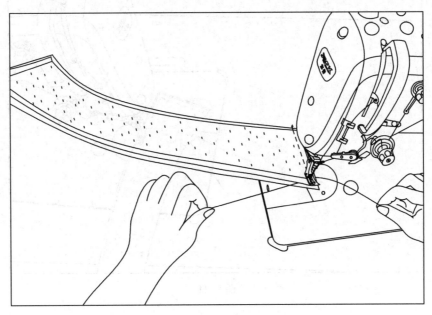

图 5-29

2. 这根线要放在领子的夹层之间，见图5-30。

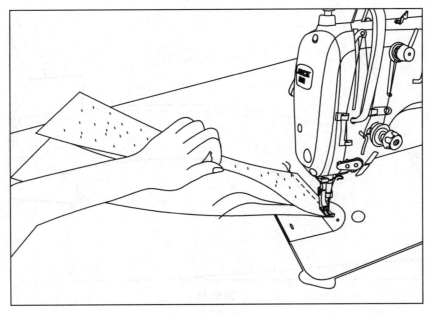

图 5-30

3. 继续缝到另外一只领角，也要放一根线进去，见图5-31。

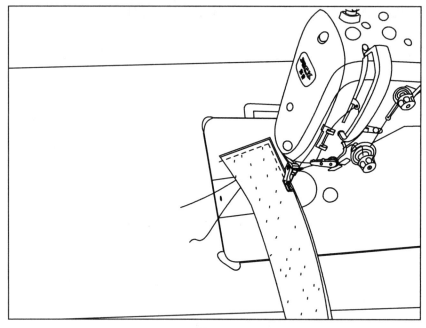

图 5-31

4. 勾上领完成，见图5-32。

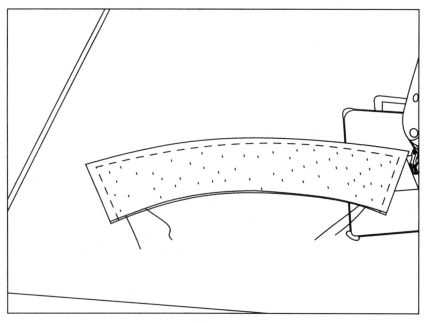

图 5-32

5. 修剪上领止口，见图5-33。

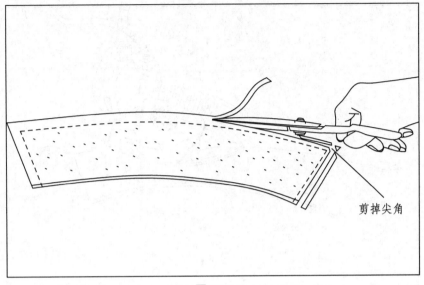

剪掉尖角

图 5-33

6. 上领底层压暗线，见图5-34。

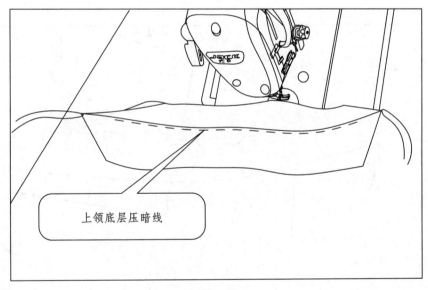

上领底层压暗线

图 5-34

7. 烫平上领，见图5-35。

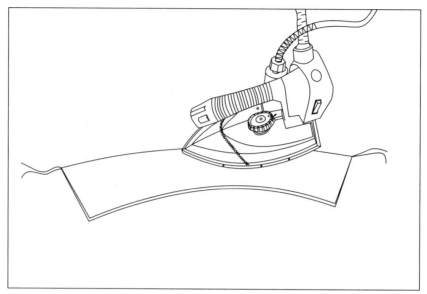

图 5-35

8. 上领定位，见图5-36。

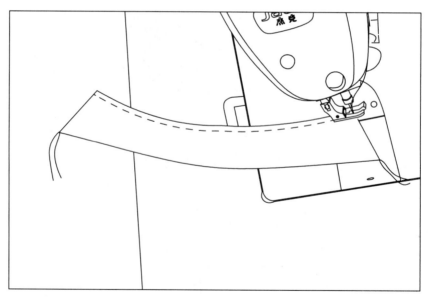

图 5-36

第十节　做下领

1. 把下领底层和已经做好的上领摆放好，见图5-37。

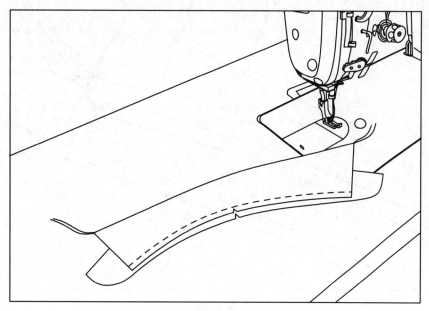

图 5-37

2. 再摆放好下领面层，见图5-38。

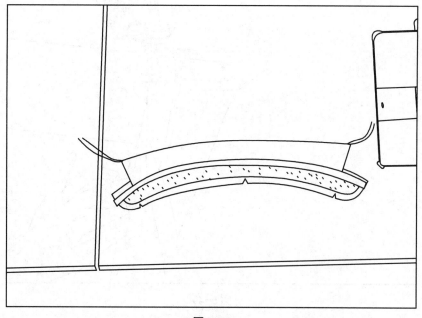

图 5-38

3. 勾下领起针，见图5-39。

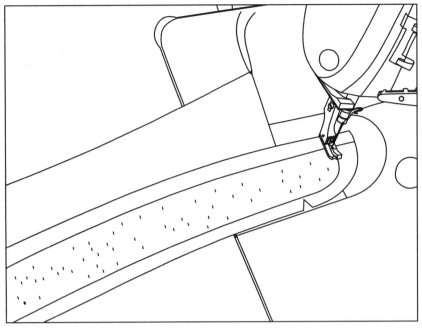

图 5-39

4. 缝合下领，见图5-40。

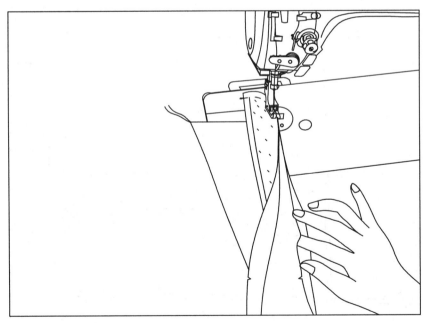

图 5-40

5. 下领缝合后，修剪下领止口，圆角转弯处止口留0.3 cm的宽度，其他位置止口留0.6 cm的宽度，见图5-41。

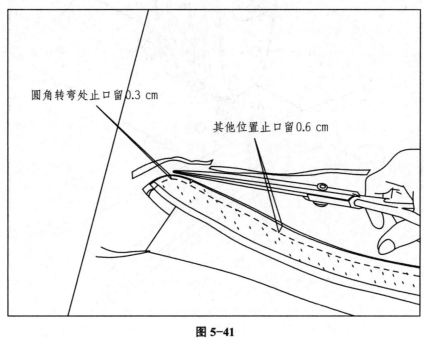

图 5-41

6. 下领压边线，见图5-42。

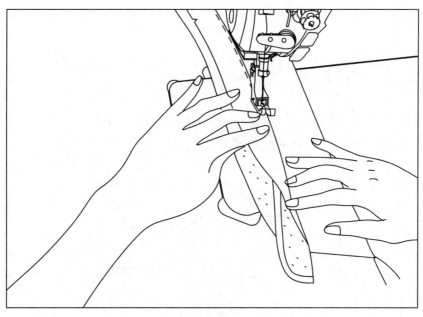

图 5-42

7. 做领完成，见图5-43。

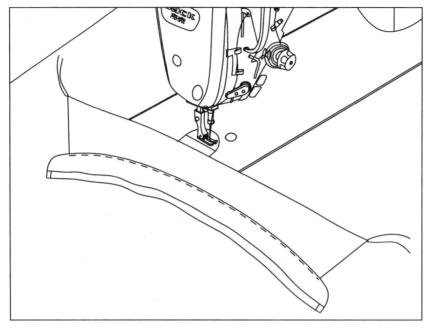

图 5-43

8. 下领底层按实样打刀口，下领面层用褪色笔做好标志，见图5-44。

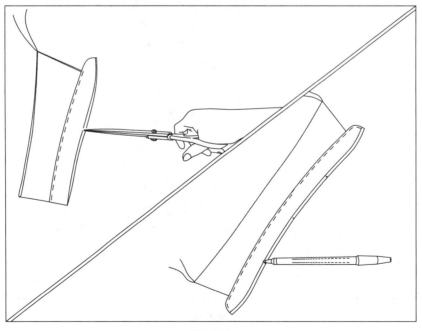

图 5-44

第十一节　装领

1. 装领，先缉第一条线，起针，见图5-45。

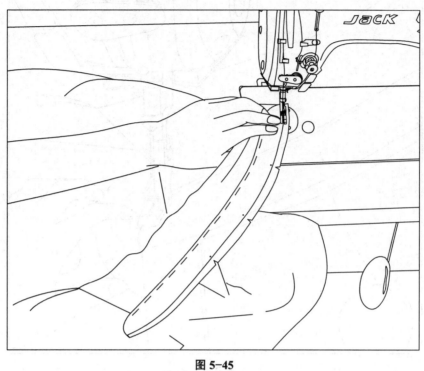

图 5-45

2. 顺着下领的边缘继续前行，下领刀口对准肩缝和后中，就是俗称的"对准三刀口"。装领一定要对准三刀口，否则完成后的领子是歪的，见图5-46。

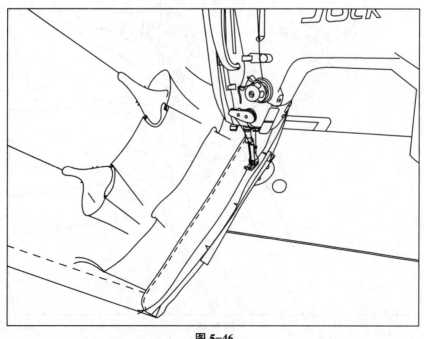

图 5-46

3. 下领压边线，见图 5-47。

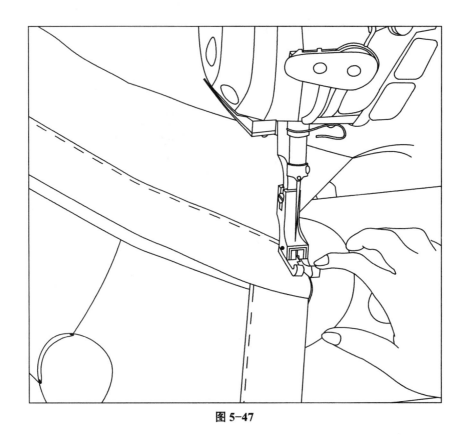

图 5-47

4. 领嘴压线时，用右手食指指尖按住压脚，见图 5-48。

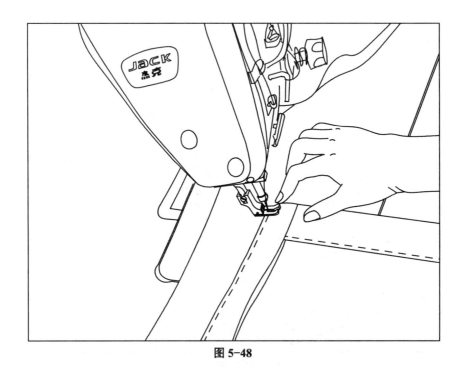

图 5-48

5. 转圆角时也可以用左手食指按住下领上下层，以防止错位，见图5-49。

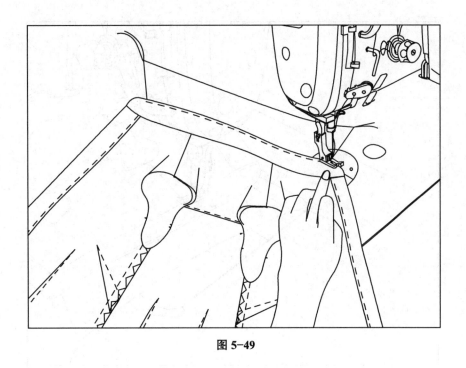

图 5-49

6. 下领面层的边缘稍盖住装领的第一条线迹，见图5-50。

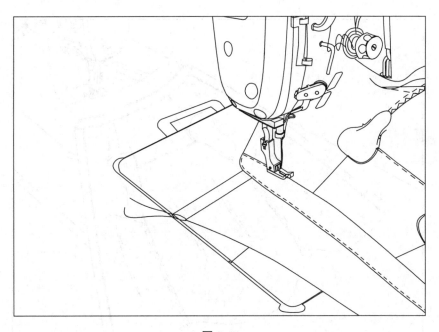

图 5-50

7. 继续压线，对准三刀口，见图5-51。

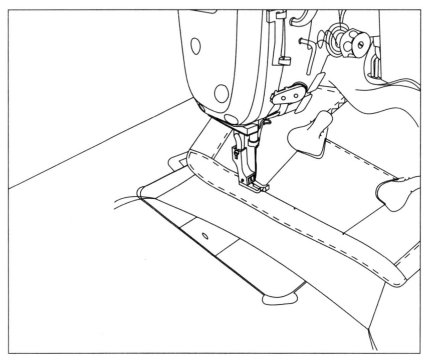

图 5-51

8. 下领压线完成，见图5-52。

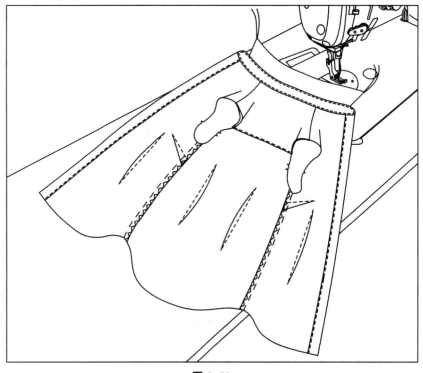

图 5-52

第十二节　开袖衩

1. 包烫袖衩，见图5-53。

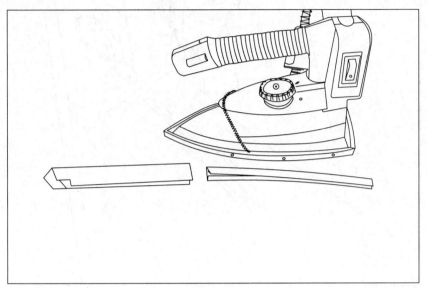

图 5-53

2. 把大小袖衩重叠后捏在手中，然后对准开衩的位置，注意开口的方向，见图5-54。

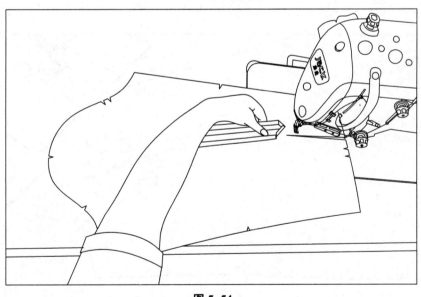

图 5-54

3. 剪开第一个刀口，见图5-55。

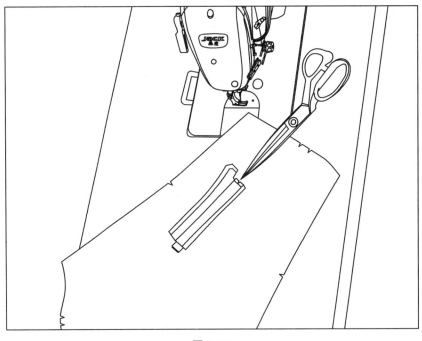

图 5-55

4. 把袖片翻过来，见图5-56。

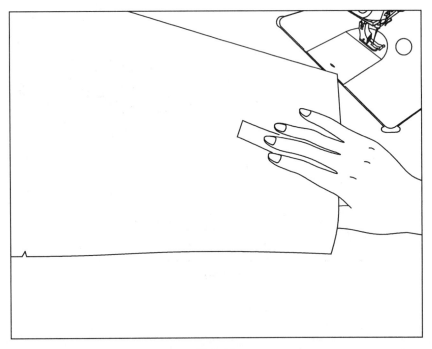

图 5-56

5. 袖片翻过来的状态见图5-57。

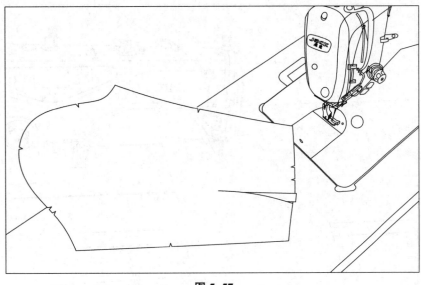

图 5-57

6. 理顺袖衩，见图5-58。

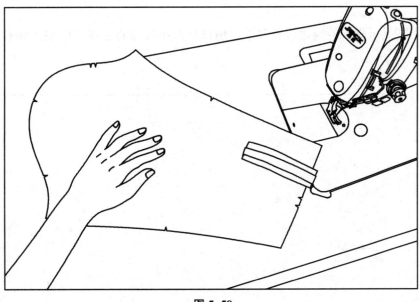

图 5-58

7. 用布条包住小袖衩，见图5-59。

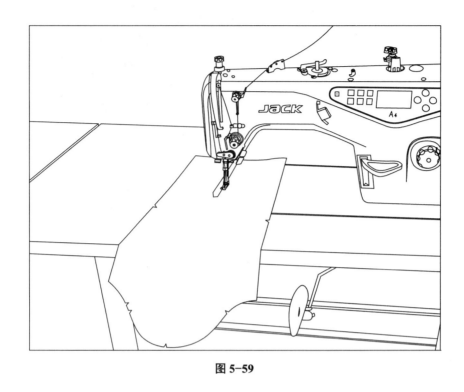

图 5-59

8. 由于是用高低压脚来控制边线宽度的，所以袖衩压边线的走线方向左边和右边是不一样的，见图5-60。

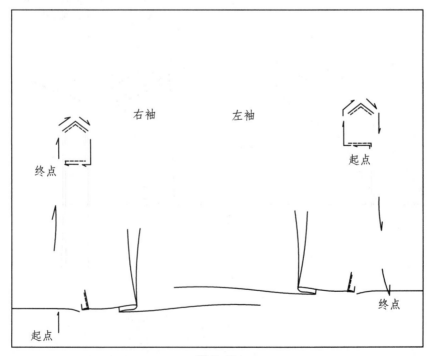

图 5-60

9. 袖口活褶定位，见图5-61。

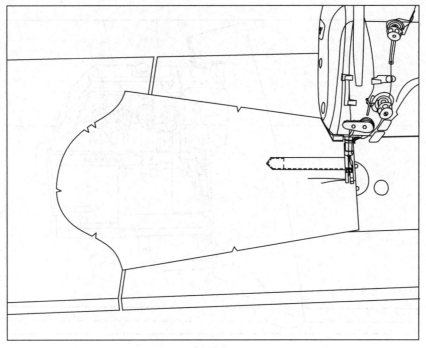

图 5-61

第十三节　拼合袖底缝

1. 拼合袖底缝，见图5-62。

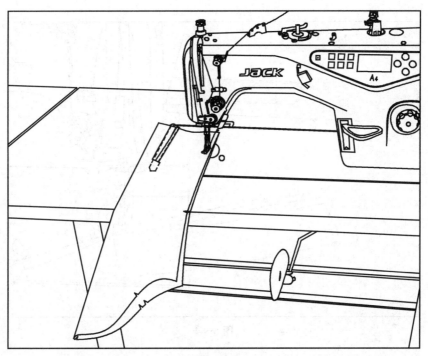

图 5-62

2. 袖底缝拷边，见图5-63。

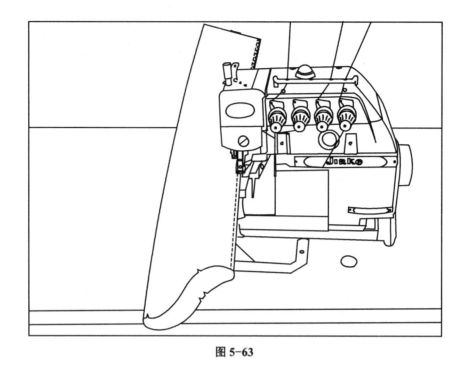

图 5-63

第十四节　做克夫，装克夫

1. 封住克夫两头，见图5-64。

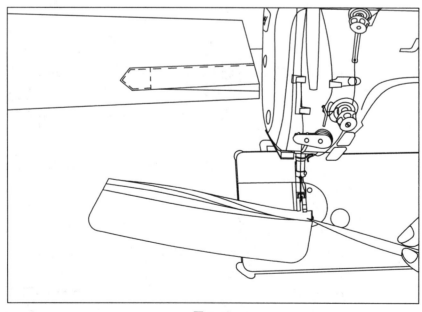

图 5-64

2. 袖克夫的正确折叠和缝合方式见图5-65。

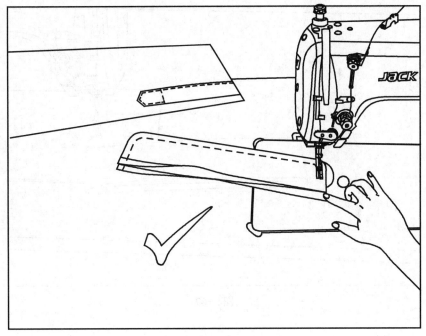

图 5-65

3. 袖克夫的错误折叠方式见图5-66。

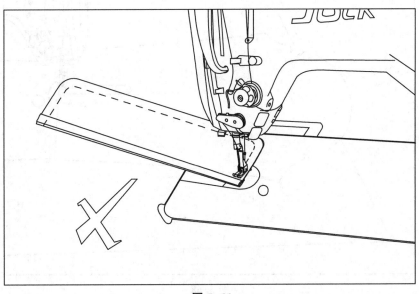

图 5-66

4. 翻袖克夫，见图5-67。

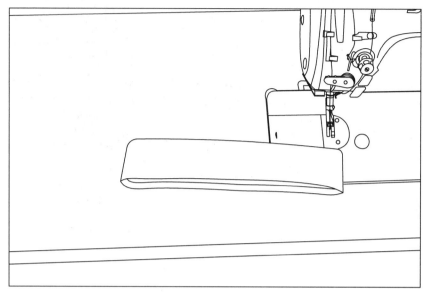

图 5-67

5. 袖口活褶定位，见图5-68。

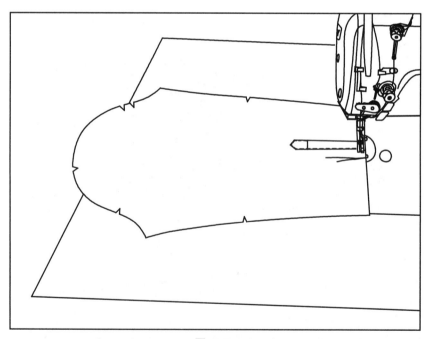

图 5-68

6. 装袖克夫起针，见图5-69。

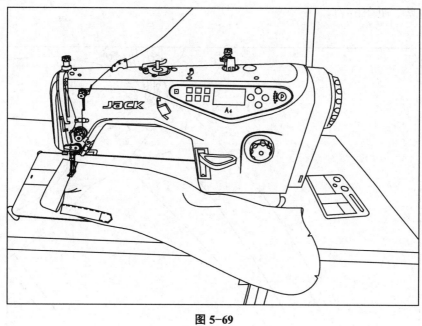

图 5-69

7. 装袖克夫结束，见图5-70。

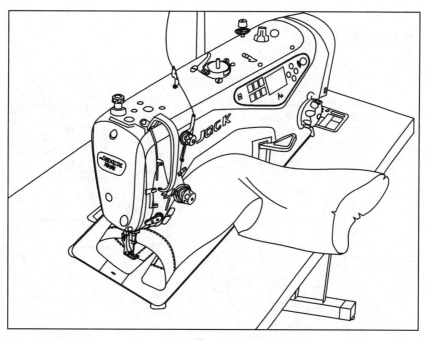

图 5-70

第十五节 装袖子

1. 袖山抽吃势，见图5-71。

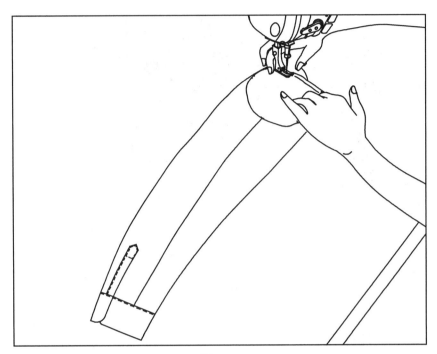

图 5-71

2. 袖底缝对准侧缝，见图5-72。

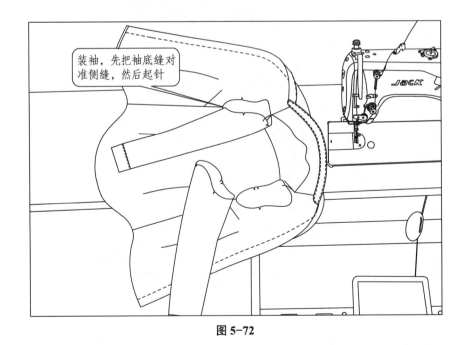

装袖，先把袖底缝对准侧缝，然后起针

图 5-72

3. 上松下紧，可以用镊子把袖山吃势向前推，见图5-73。袖子安装完成后，把袖窿拷边。

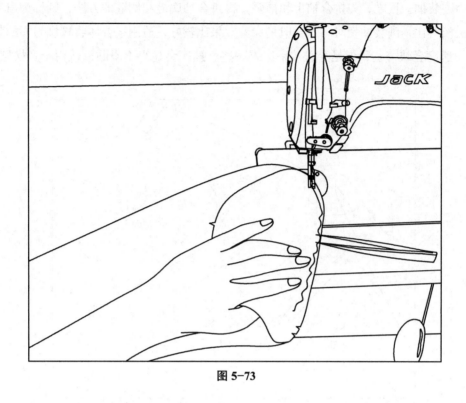

图 5-73

4. 袖山吃势要分布在袖山的上半部分，袖山底部是没有吃势的，因为衣服的袖底要求不可以多布，否则会影响美观，见图5-74。

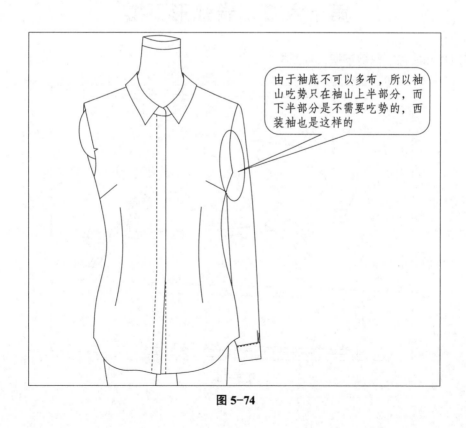

由于袖底不可以多布，所以袖山吃势只在袖山上半部分，而下半部分是不需要吃势的，西装袖也是这样的

图 5-74

5. 圆装袖和扁装袖。先拼合侧缝和袖底缝，再拼合袖窿和袖山，装袖时沿着袖窿转一个圆圈，这种方法称为圆装袖。反之，先拼合袖山和袖窿，再拼合袖底缝和侧缝的方法，则称为扁装袖。

两种方法相对比，圆装袖费时一点，但是穿着效果比较好，适用于合体收腰型衬衫的款式。扁装袖方法的缝纫速度会快一些，但是穿着效果会差一些，袖底会显得不服贴，适用于宽松型的衬衫款，见图5–75。

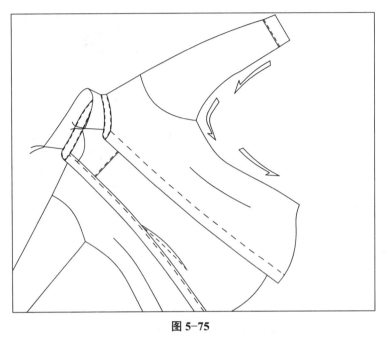

图 5–75

第十六节　卷弧形下摆

1. 对齐门襟和底襟，修剪下摆，见图5–76。

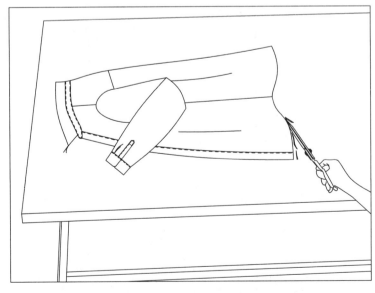

图 5–76

2. 卷下摆起针，见图5-77。

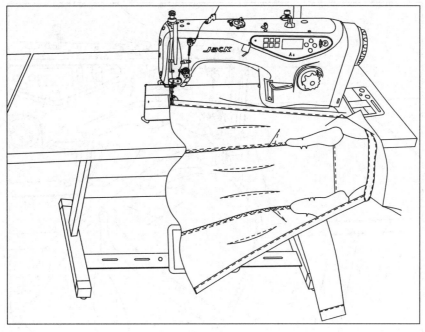

图 5-77

3. 卷下摆经过侧缝时，注意止口是朝后倒的，见图5-78。

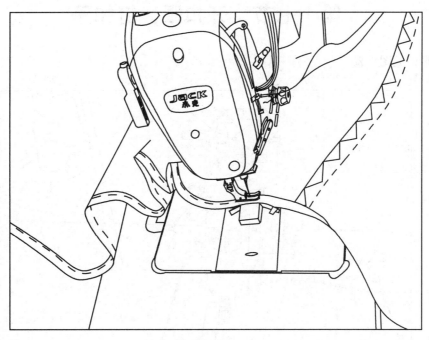

图 5-78

4. 卷下摆完成后的状态见图5-79。

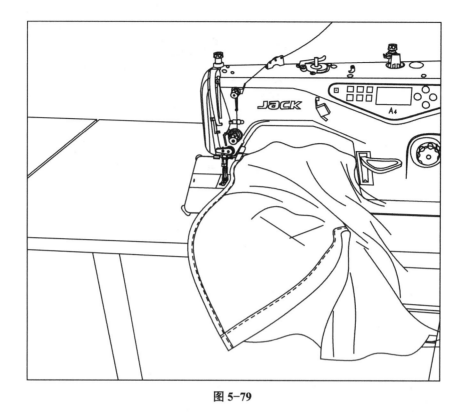

图 5-79

第十七节　开扣眼，钉扣子

1. 开扣眼，见图5-80。

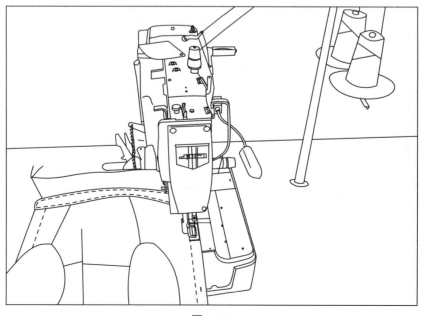

图 5-80

2. 机器钉扣子，见图5-81。

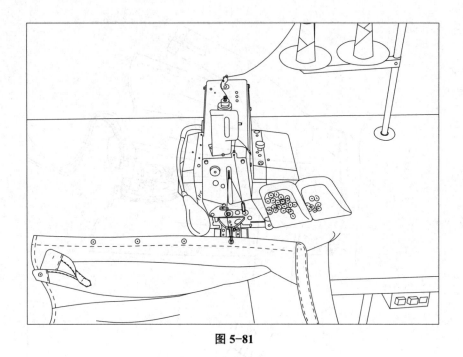

图 5-81

第十八节　整烫

1. 整烫两只袖子，见图5-82。

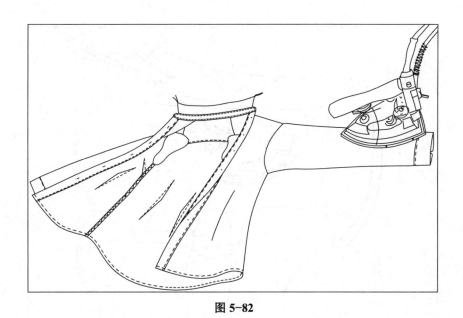

图 5-82

2. 整烫门襟、底襟、前腰省和前袖窿，见图5-83。

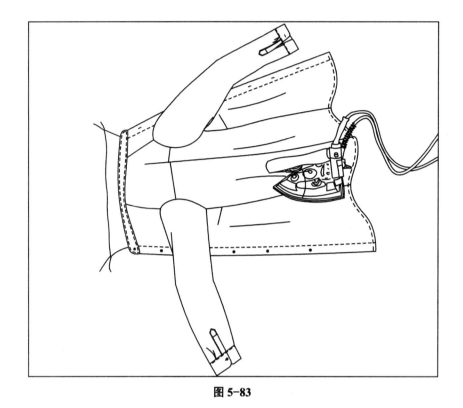

图 5-83

3. 整烫后腰省和后袖窿，见图5-84。

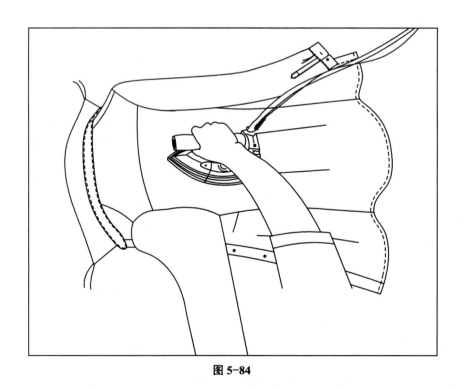

图 5-84

4. 整烫侧缝，见图5-85。

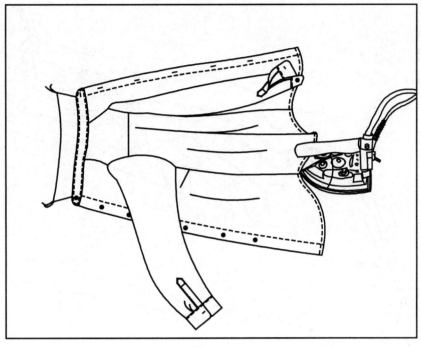

图 5-85

5. 整烫上领，见图5-86。

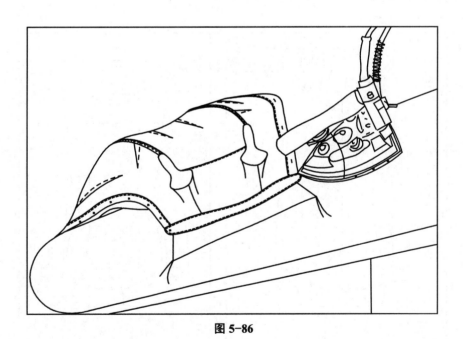

图 5-86

6. 整烫下领，见图5-87。

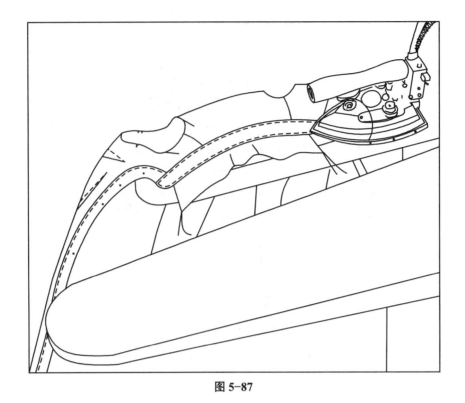

图 5-87

7. 最后抽掉领角上的线。完成后的效果见图5-88、图5-89。

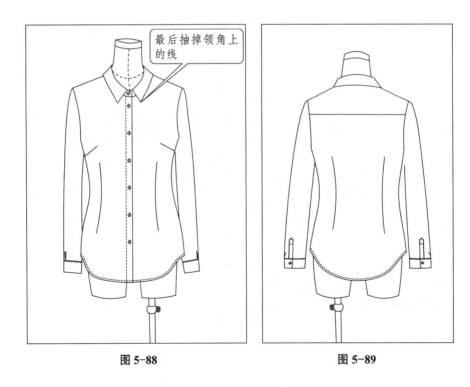

最后抽掉领角上
的线

图 5-88   图 5-89

第六章　女西装缝制

第一节　款式与特征

　　此款为枪驳领、单排扣、三开身结构，下摆后中开衩，门襟钉两粒纽扣，左胸有口袋，大袋为有袋盖的双嵌条口袋，前片挂面，胸袋唇、领子领座、袋盖袋唇、后背、袖窿、袖山、袖口、下摆和衩位烫衬，全封闭里布，里布的前胸和后中有活褶，见图6-1。

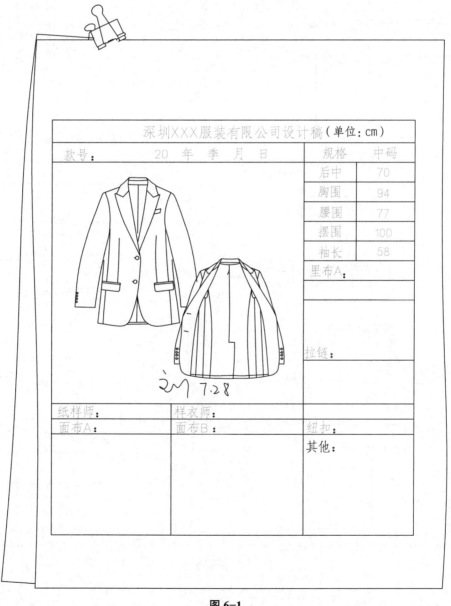

图6-1

第二节　具体制作工序

排料与裁剪→烫衬与包烫→拼合公主缝和后中缝→开胸袋→用实样缉袋盖→开大袋→拼合面布肩缝和后公主缝→拼合领座→装领和挂面→缝合袖缝和袖衩→安装西装袖→做里布→套里布→钉垫肩，肩头定位→手工三角针，打风眼，钉纽扣，整烫。

第三节　排料与裁剪

1. 面料排料图见图6-2。

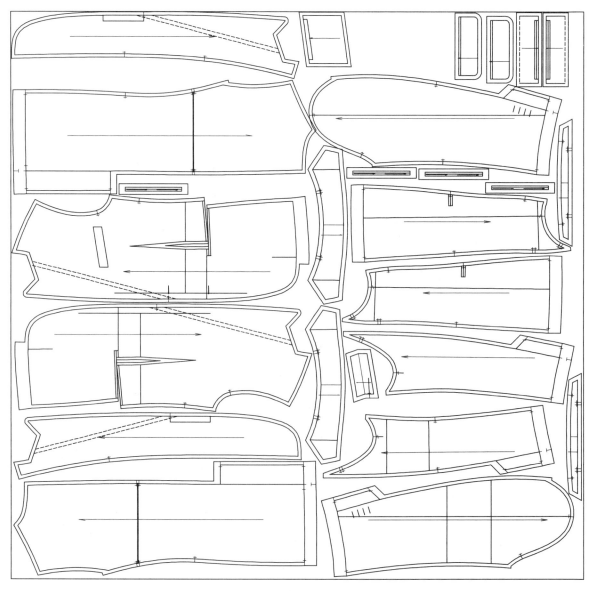

图6-2

2. 里布排料图见图6-3，衬布排料图见图6-4。

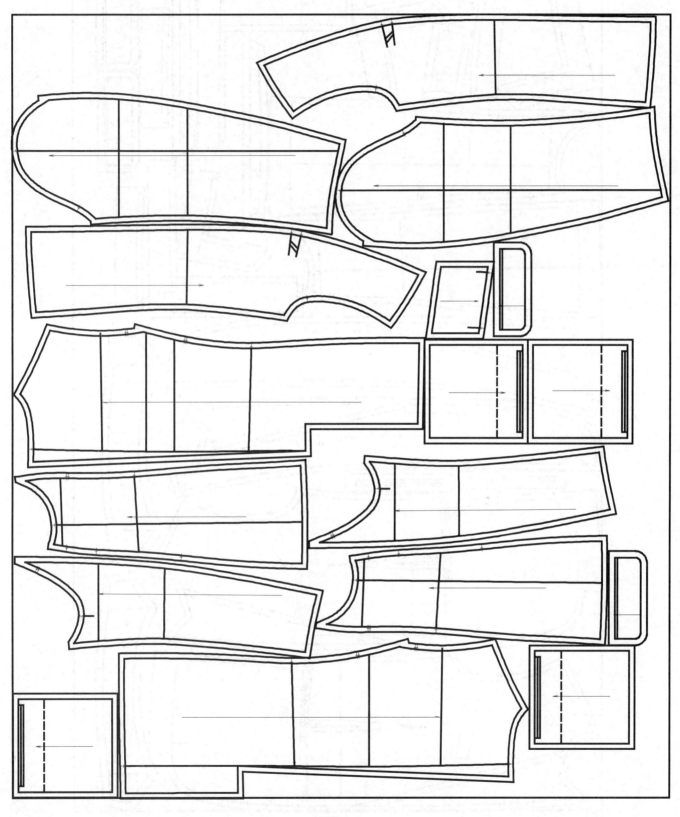

图6-3

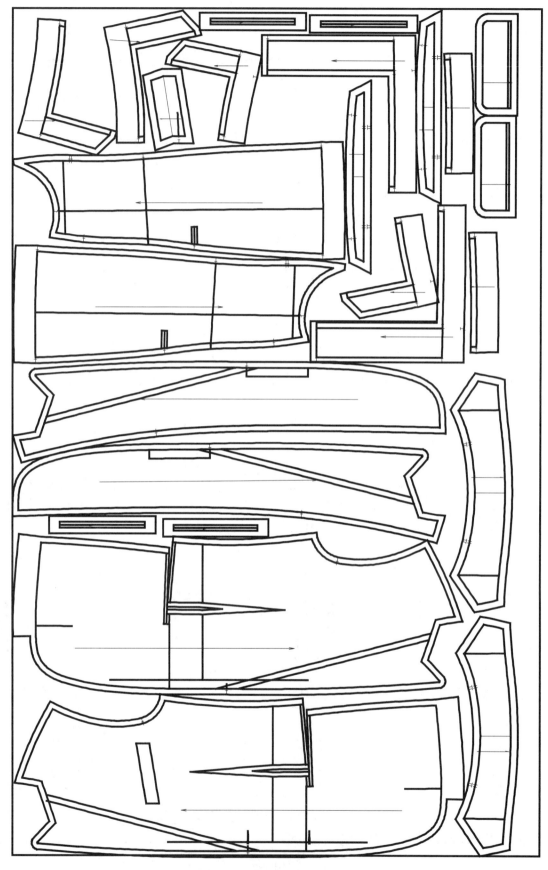

图 6-4

第四节　烫衬与包烫

　　西装烫衬有两种方式，即整件烫衬和局部烫衬。整件烫衬其实是匹布烫衬，就是把整卷的布料送去专业的压衬工厂，用大型的压衬机器一次性完成烫衬，然后再进行裁剪的工作。局部烫衬是用小型的烫衬机，调节好机器的温度和压力，把衬和面料裁片摆放好，放在传送带上可以快速完成烫衬。机器烫衬效果比较好，不会起泡和脱落。

　　机器烫衬设备分为大型烫衬设备和小型烫衬设备。

1. 大型烫衬设备见图6-5。

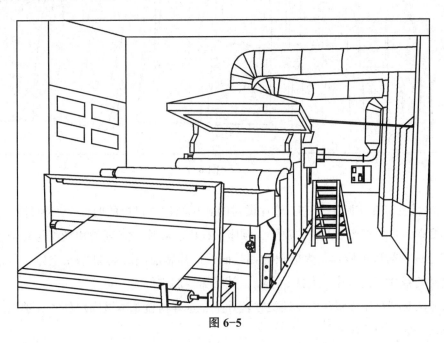

图 6-5

2. 小型烫衬机见图6-6。

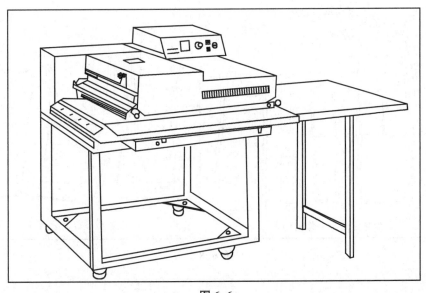

图 6-6

3. 烫全衬的裁片，见图6-7。

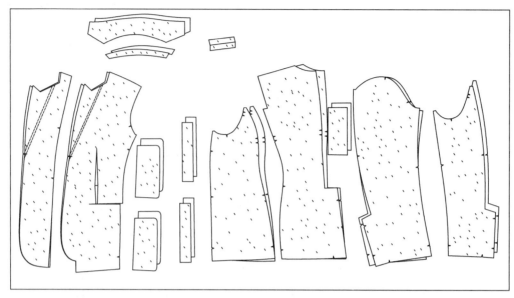

图 6-7

　　4. 烫半衬的裁片。在实际工作中，整片烫衬的裁片经过烫衬机的时候会有所缩小，为了使裁片更加精确、无变形，可以把图6-8中的领子、领座、挂面、前片、袋嵌条和袋盖这几个整片烫衬的裁片，四周加空位，烫衬后再修片。大的裁片如挂面、前片和前侧四周加1 cm空位，其他加0.5 cm空位，而局部烫衬的裁片，如后片、大袖、小袖，就不需要加空位。

　　烫半衬的方法是把衬先用熨斗简单地烫在裁片上，这样衬就基本被固定住了，然后拿到小型烫衬机上再烫一遍，一般称为"过机"。

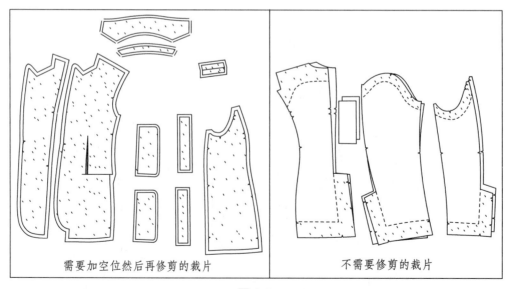

需要加空位然后再修剪的裁片　　　　　　　　不需要修剪的裁片

图 6-8

5. 烫袋嵌条衬，见图6-9。

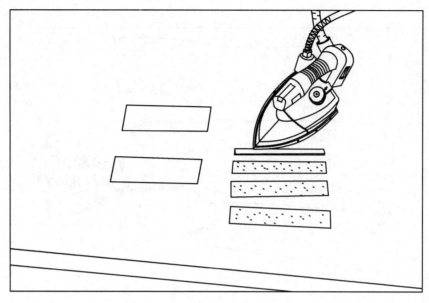

图 6-9

6. 前片和挂面烫衬条，分别是前片的驳头、翻折线、前肩缝，以及挂面的翻折线和门襟下半段，见图6-10。

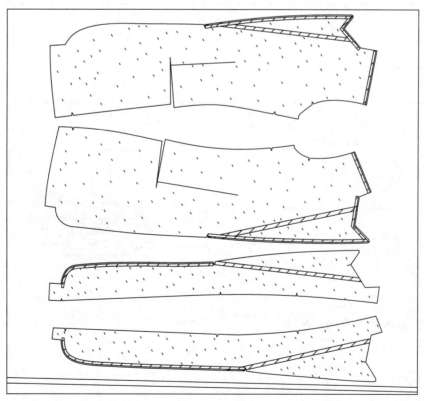

图 6-10

7. 烫袖窿衬条，见图6-11。

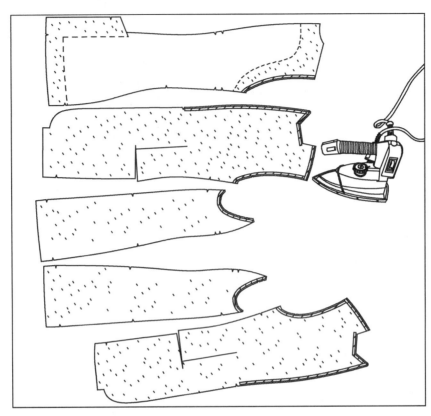

图 6-11

8. 烫左后衩，见图6-12。

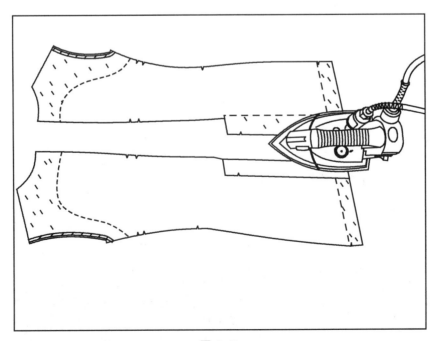

图 6-12

9. 烫下摆折边，见图6-13。

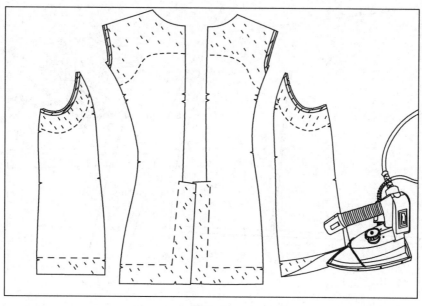

图 6-13

10. 包烫领子和领座，见图6-14。

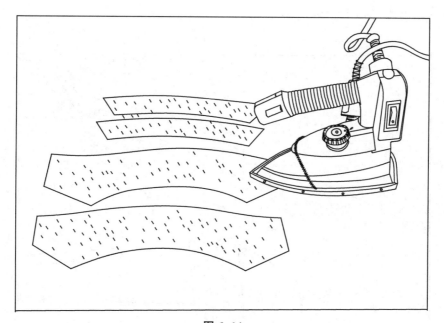

图 6-14

第五节　拼合公主缝和后中缝

　　1. 先拼合前公主缝。公主缝的前中和前侧是两个弯度不同的弧形，拼缝的时候不要刻意推拉，要保持上下裁片不变形，自然同步，见图6-15。

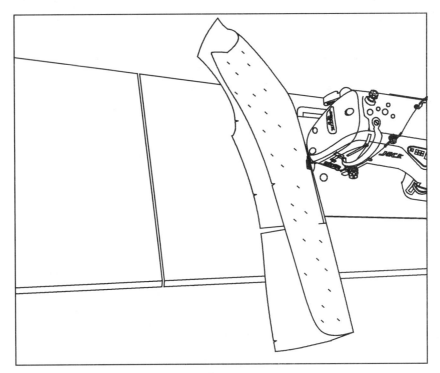

图 6-15

2. 再拼合前公主缝，见图6-16。

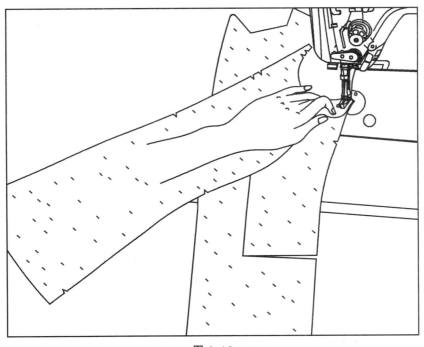

图 6-16

3. 然后拼合后中缝，要求对准刀口，平服自然，见图6-17。

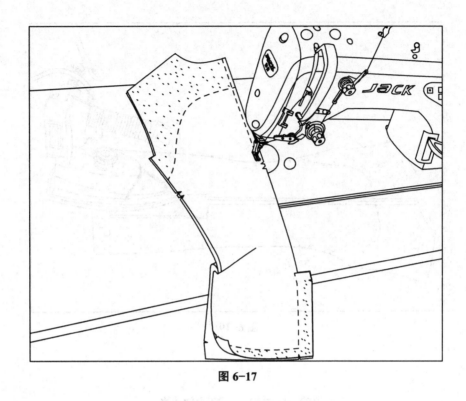

图 6-17

4. 前腰省和前公主缝烫开缝，见图6-18。

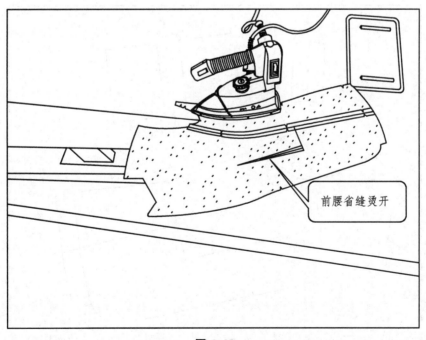

前腰省缝烫开

图 6-18

5. 后中开缝，烫后衩和后下摆，见图6-19。

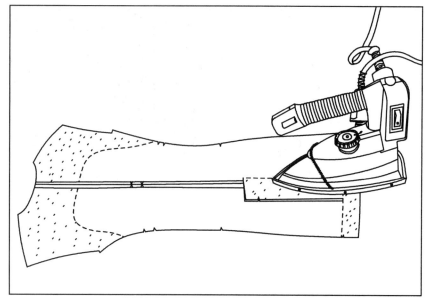

图 6-19

第六节　开胸袋

1. 胸袋的袋唇和袋布见图6-20。

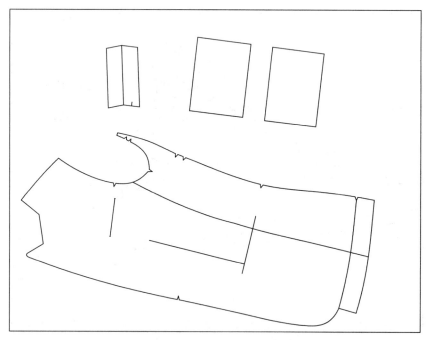

图 6-20

2. 封住袋唇的两头，见图6-21。

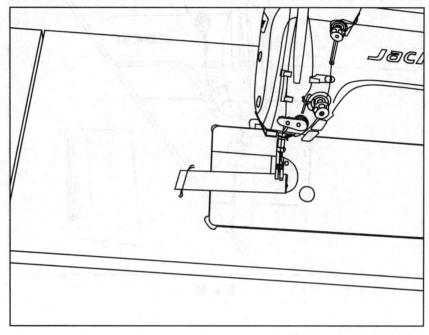

图 6-21

3. 把袋唇翻过来，见图6-22。

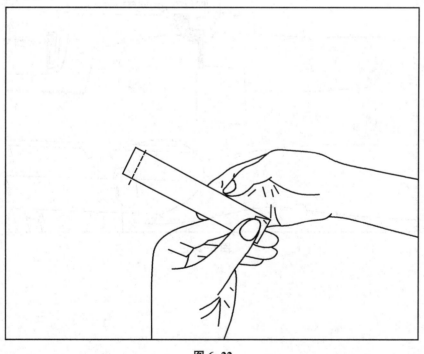

图 6-22

4. 袋唇宽度定位见图6-23，然后缉到手背袋布上，注意袋唇和袋布的方向。

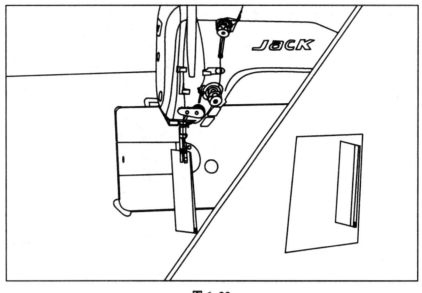

图 6-23

5. 把手背袋布缝到衣片上，见图6-24。

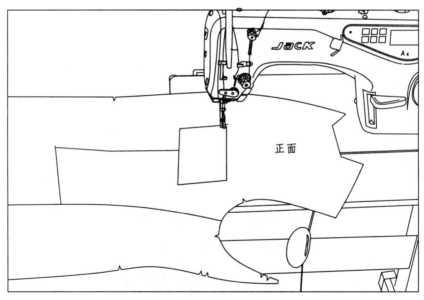

正面

图 6-24

6. 缝手前袋布，见图6-25。

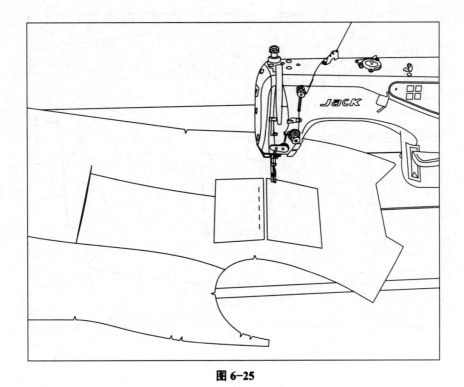

图 6-25

7. 从袋位中间剪开，两头剪成三角形刀口，见图6-26。

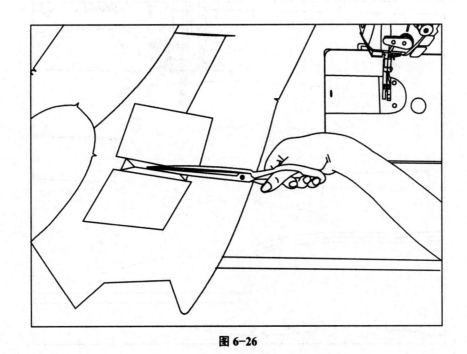

图 6-26

8. 反面的状态见图6-27。

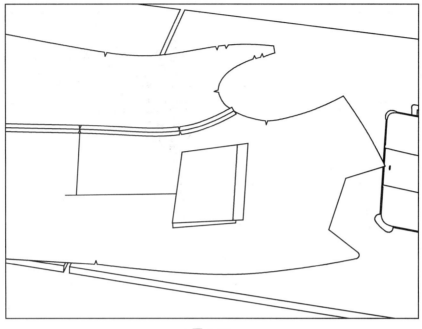

图 6-27

9. 正面的状态见图6-28。

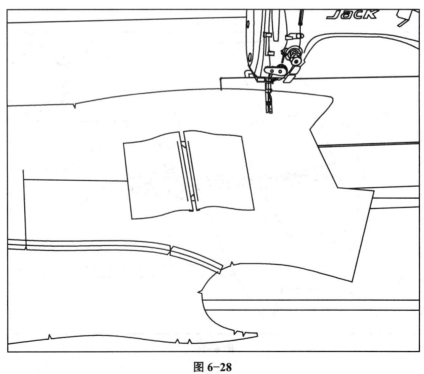

图 6-28

10. 两头封针，见图6-29。

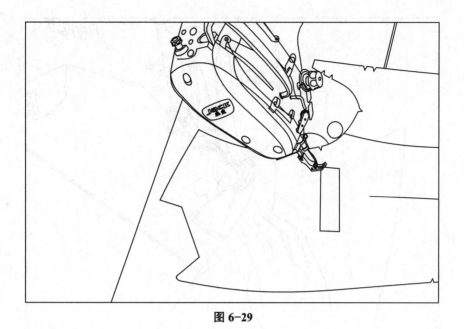

图 6-29

11. 另外一头封针，见图6-30。

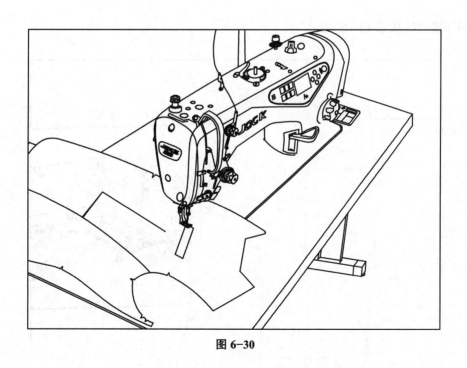

图 6-30

12. 缝合胸袋袋布，见图6-31。

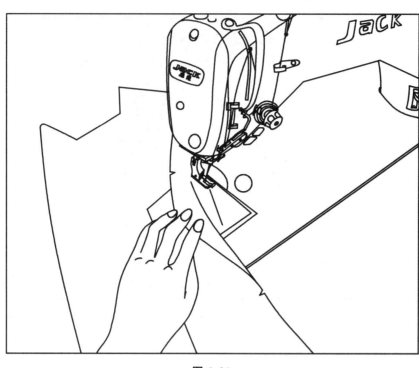

图 6-31

13. 胸袋完成后的状态见图6-32。

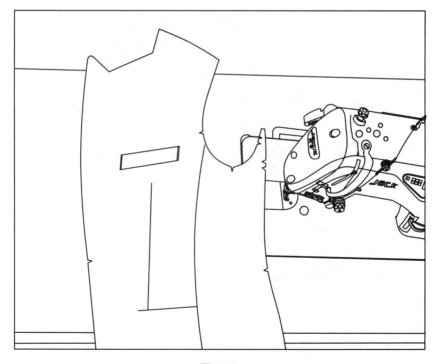

图 6-32

第七节　用实样缉袋盖

1. 用实样缉袋盖，见图6-33。

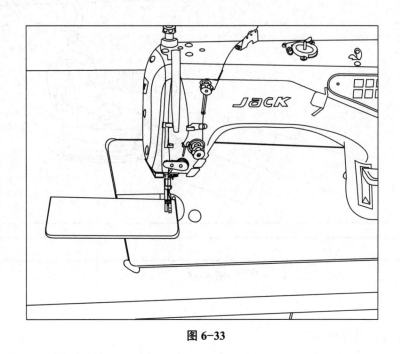

图 6-33

2. 修剪袋盖止口，留0.5 cm宽度的止口即可，圆角处留0.3 cm的止口。如果是厚料修剪成高低缝，即一层止口稍宽而一层止口稍窄，这样处理翻过来整烫后的效果比较平整美观，修剪门襟和领子止口时也这样处理，见图6-34。

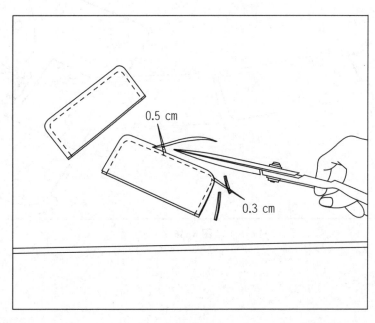

0.5 cm

0.3 cm

图 6-34

3. 翻过来烫平，见图6-35。

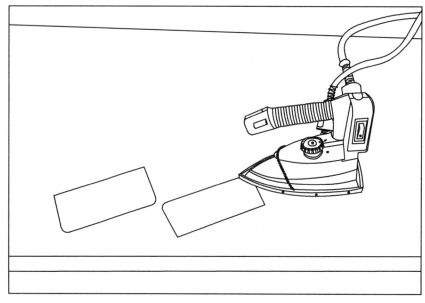

图 6-35

4. 袋盖高度定位，见图6-36。

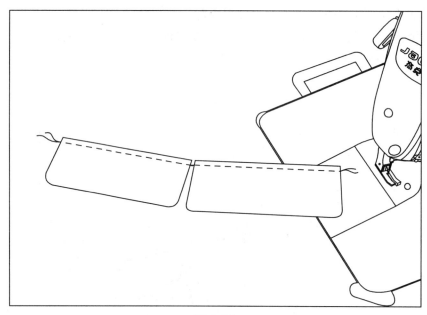

图 6-36

第八节　开大袋

1. 袋贴拷边，见图6-37。

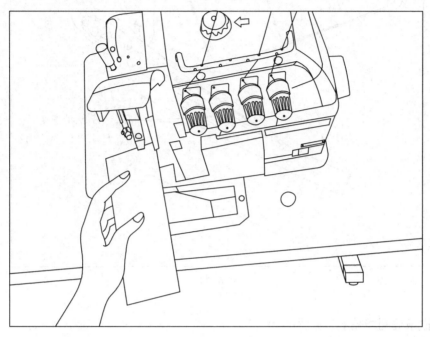

图 6-37

2. 大袋嵌条宽度定位，见图6-38。

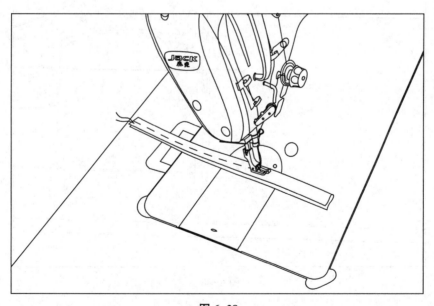

图 6-38

3. 修剪袋盖和大袋嵌条的止口，见图6-39。

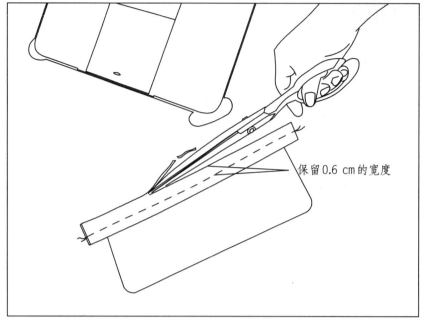

保留0.6 cm的宽度

图 6-39

4. 把大袋嵌条缝到袋盖上，见图6-40。

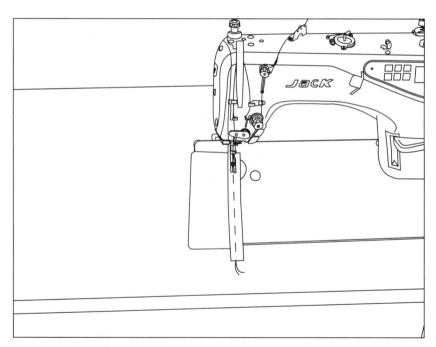

图 6-40

5. 把大袋嵌条缝到手前袋布上。在拷边线上缉一条线，再和已经缝好的袋盖、嵌条叠在一起，这几层要重合缉在一条线上，定位缝住，见图6-41。

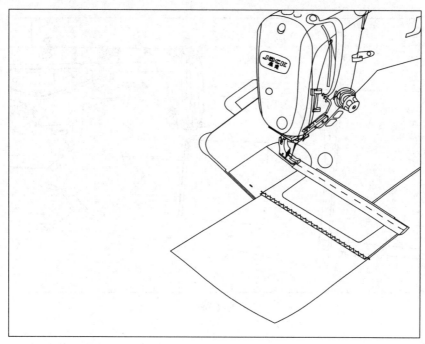

图 6-41

6. 标记口袋位置，见图6-42。

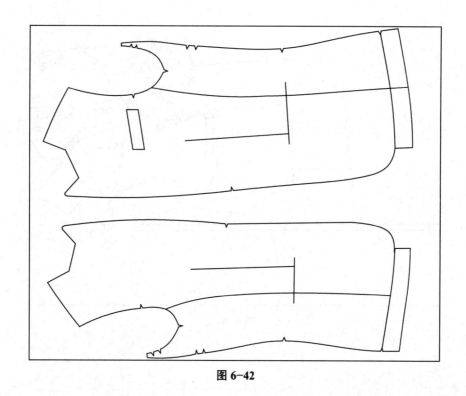

图 6-42

7. 下袋嵌条和手背袋布也这样定位，然后缝到前片上。注意，在缝下袋嵌条的时候，袋布在上面，嵌条在下面，见图6-43。

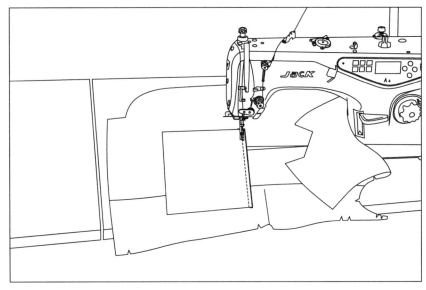

图 6-43

8. 再把上袋嵌条缝到衣片上，见图6-44。

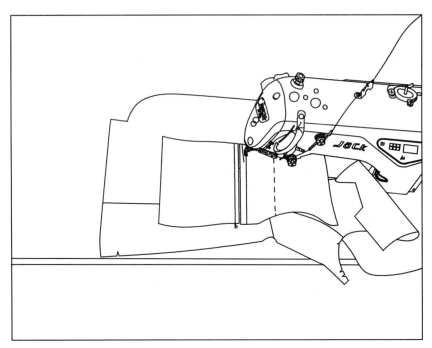

图 6-44

9. 然后翻过来，从袋位中间剪开，两头剪成三角形刀口，见图6-45。

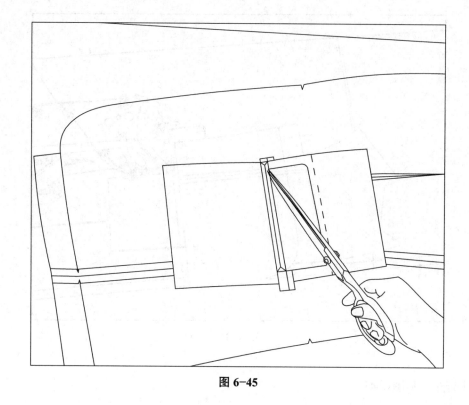

图 6-45

10. 把嵌条翻过来，理顺摆平，封住口袋两头，见图6-46。

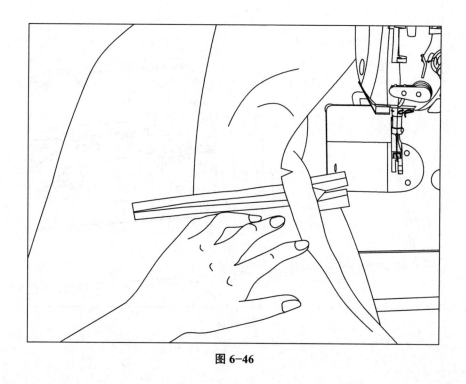

图 6-46

11. 口袋定位，防止口袋变形，见图6-47。

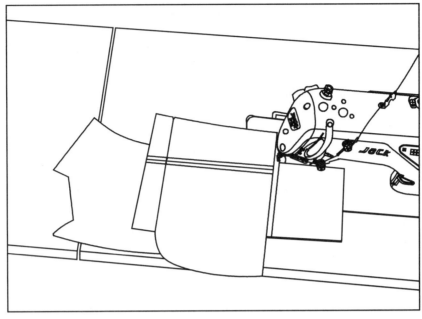

图 6-47

12. 缝住袋布，见图6-48。

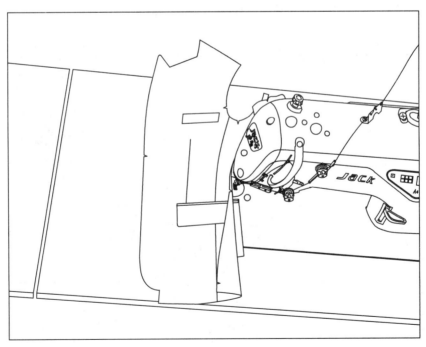

图 6-48

13. 完成后的状态见图6-49。

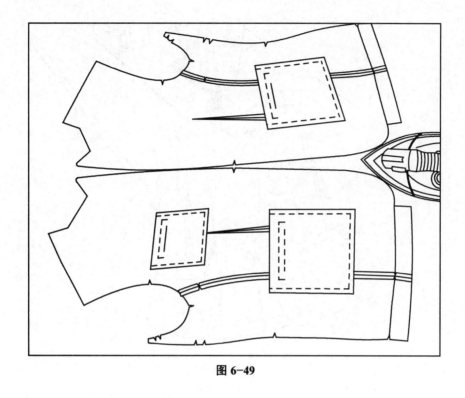

图 6-49

第九节　拼合面布肩缝和后公主缝

1. 拼合后公主缝，见图6-50。

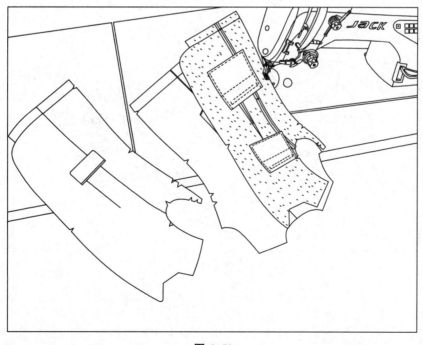

图 6-50

2. 拼合肩缝，见图6-51。

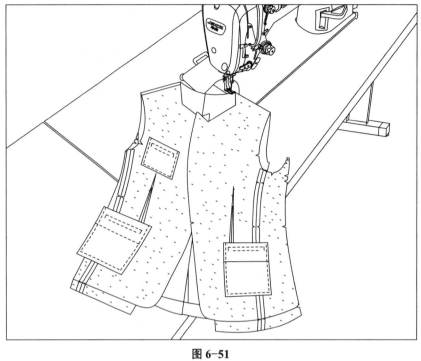

图 6-51

3. 然后把公主缝和肩缝烫开，见图6-52。

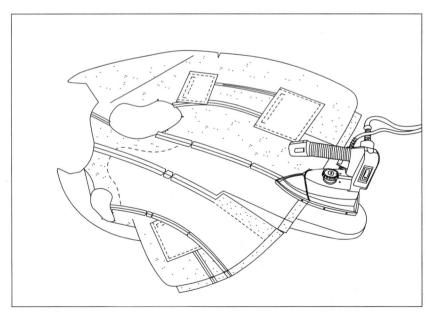

图 6-52

第十节 拼合领座

1. 拼合领座，见图6-53。

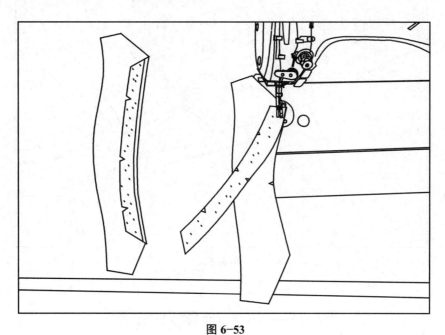

图 6-53

2. 修剪领座止口，见图6-54。

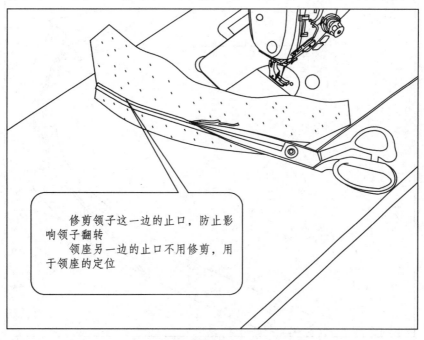

修剪领子这一边的止口，防止影响领子翻转

领座另一边的止口不用修剪，用于领座的定位

图 6-54

3. 开缝，两边压边线，见图6-55。

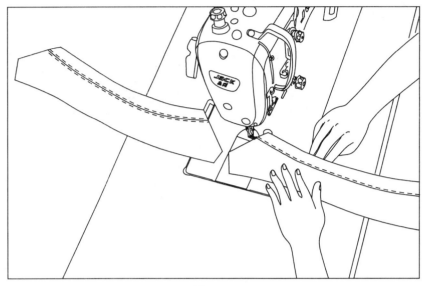

图 6-55

第十一节　装领和挂面

1. 把领面层装在挂面上，见图6-56。

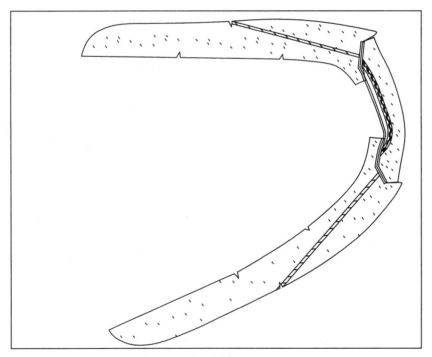

图 6-56

2. 装领起针，见图6-57。

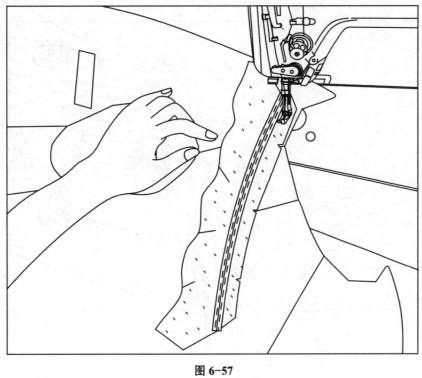

图 6-57

3. 装领转角，见图6-58。

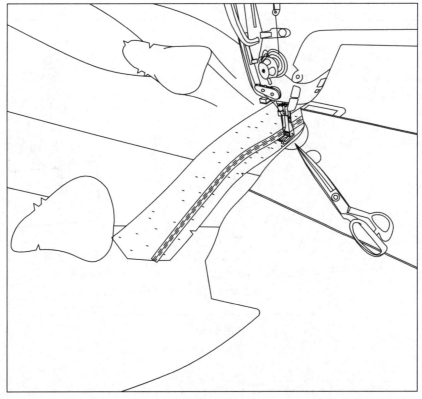

图 6-58

4. 把领底安装在衣身上，见图6-59。

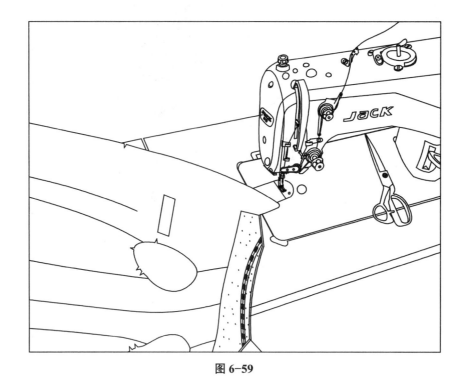

图 6-59

5. 拼合挂面，驳头尖角上放一根线进去，见图6-60。

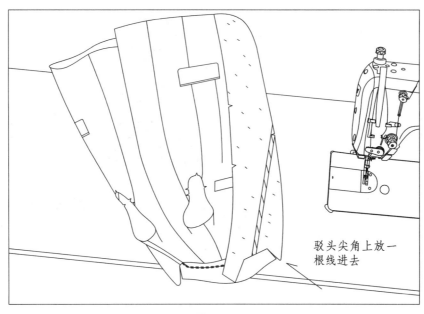

驳头尖角上放一
根线进去

图 6-60

6. 再把领嘴、领外围拼合起来，见图6-61。

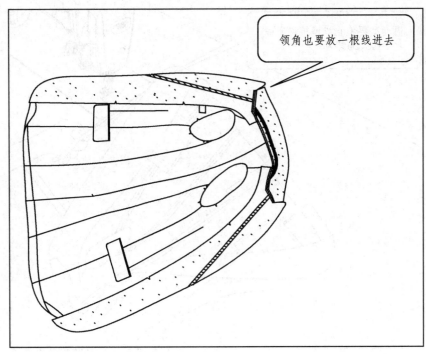

图 6-61

7. 修剪止口重叠的地方，见图6-62。

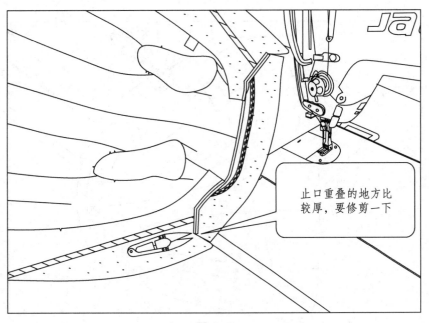

图 6-62

8. 修剪门襟止口，见图6-63。

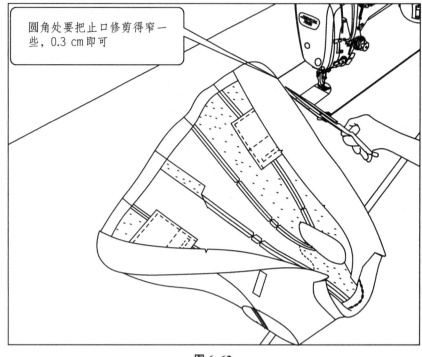

圆角处要把止口修剪得窄一些，0.3 cm即可

图 6-63

9. 驳头和领底压暗线，见图6-64。

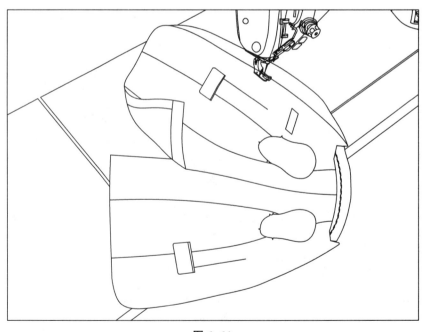

图 6-64

10. 领脚和串口线烫开，见图6-65。

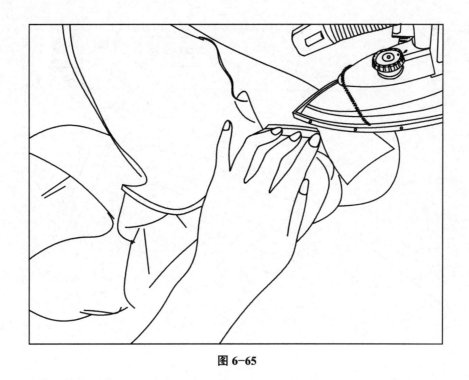

图 6-65

11. 整烫挂面和领外围，见图6-66。

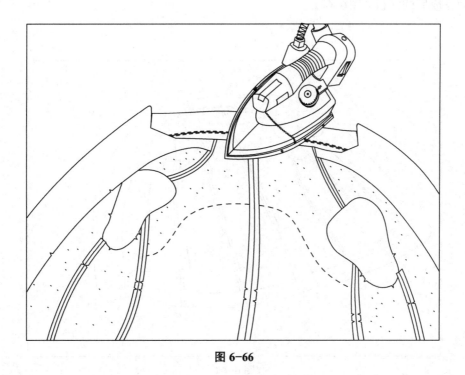

图 6-66

12. 再把领脚和串口线定位，见图6-67。

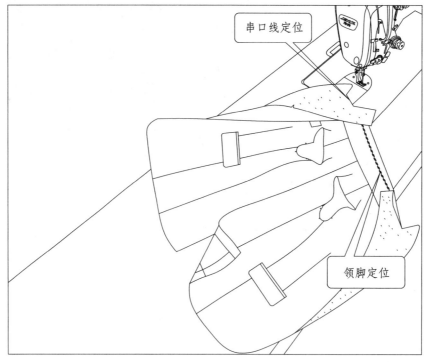

串口线定位

领脚定位

图 6-67

13. 挂面完成后的状态见图6-68。

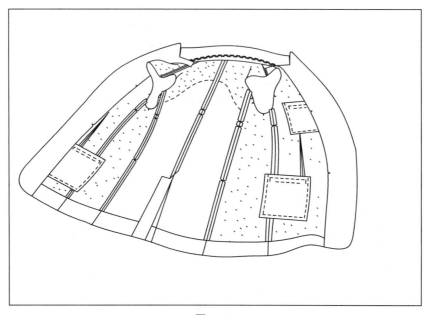

图 6-68

第十二节 缝合袖缝和袖衩

1. 袖子裁片见图6-69。

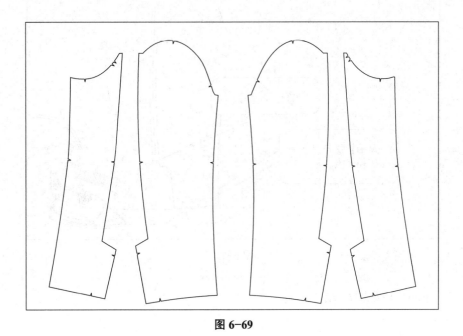

图 6-69

2. 缝合后的袖缝见图6-70。

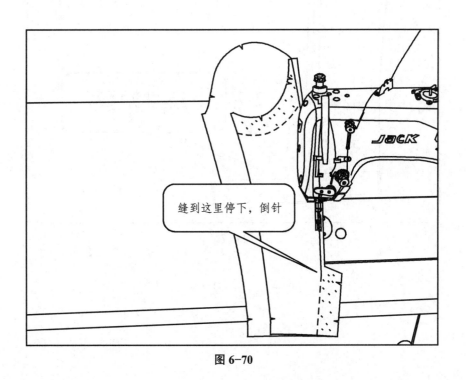

图 6-70

3. 烫袖口折边见图6-71。

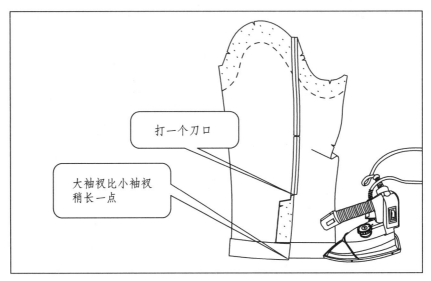

图 6-71

4. 做袖衩斜角的技巧见图6-72。

图 6-72

5. 对准刀口，起针留1 cm止口空位，缉到烫痕终点，见图6-73。

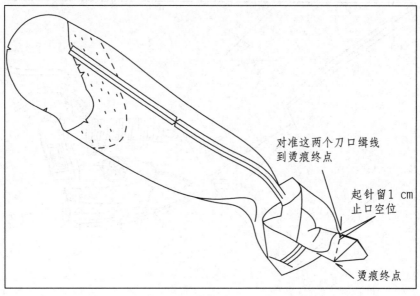

对准这两个刀口缉线
到烫痕终点

起针留1 cm
止口空位

烫痕终点

图 6-73

6. 剪去一个角，见图6-74。

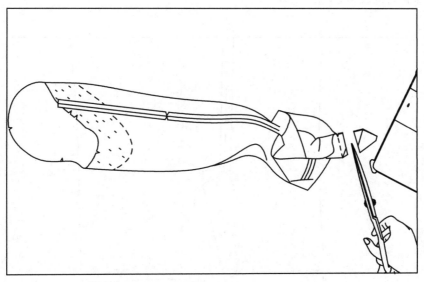

图 6-74

7. 斜角开缝烫平，见图6-75。

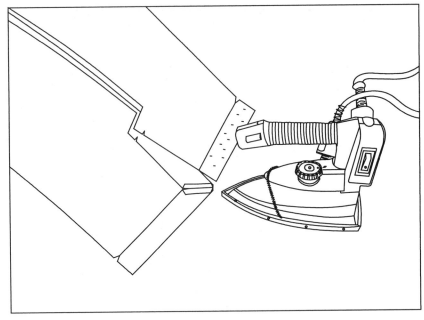

图 6-75

8. 把大袖衩斜角翻过来，见图6-76。

图 6-76

9. 再拼合前袖缝，见图6-77。

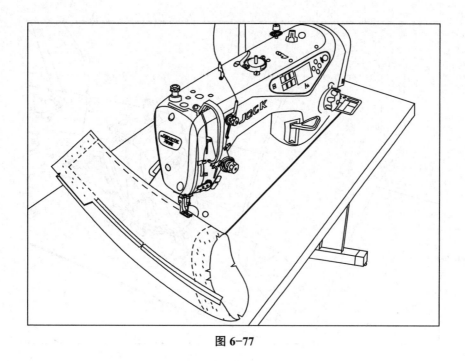

图 6-77

10. 前袖烫开缝，见图6-78。

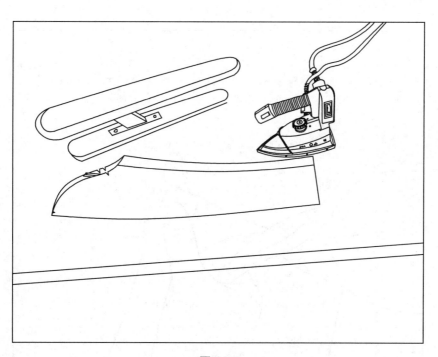

图 6-78

11. 小袖衩封头，见图6-79。

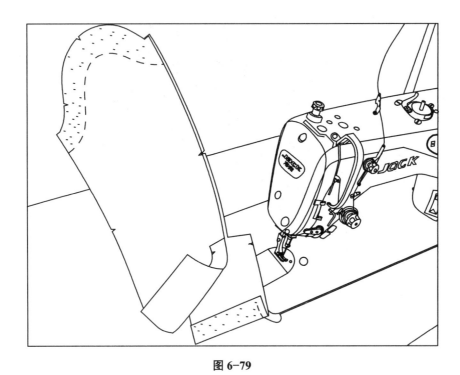

图 6-79

12. 翻转小袖衩，见图6-80。

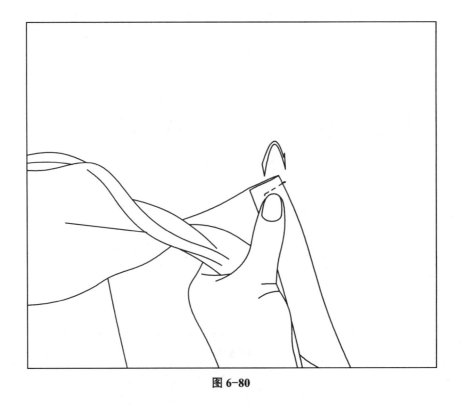

图 6-80

13. 小袖衩翻转后的状态见图6-81。

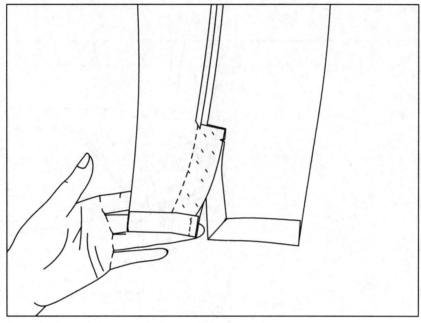

图 6-81

14. 袖衩打凤眼，见图6-82。

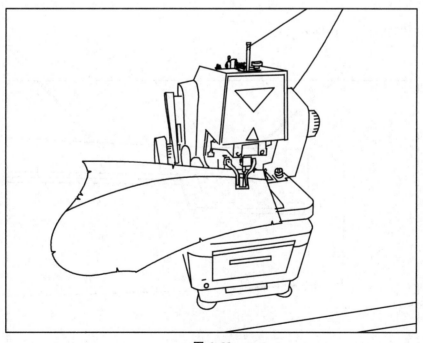

图 6-82

15. 缝合大、小袖衩。在实际操作中，缝合大、小袖衩也是有小技巧的，就是到达终点的时候，多走一针。这样做，大、小袖衩就会紧紧并拢在一起，安装袖口里布的时候，就不会出现开衩处有洞的弊病，见图6-83。

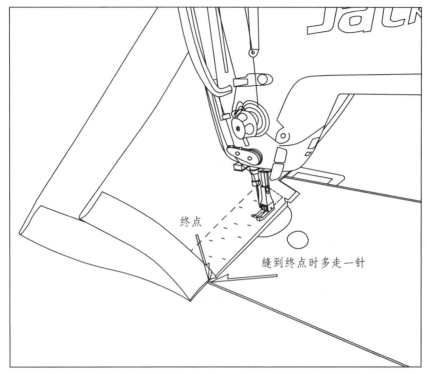

终点

缝到终点时多走一针

图 6-83

16. 袖衩反面的状态见图6-84。

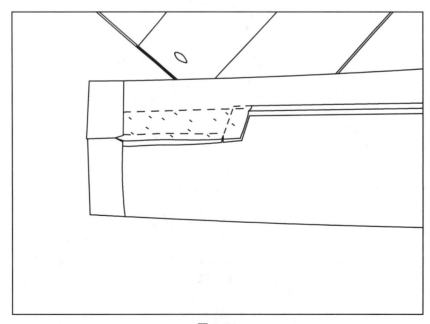

图 6-84

17. 后衩也这样处理，但是不需要左右拼合，见图6-85。

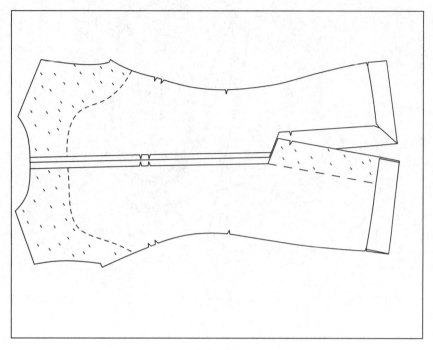

图 6-85

第十三节　安装西装袖

1. 检查衣身，修顺前、后袖窿，见图6-86。

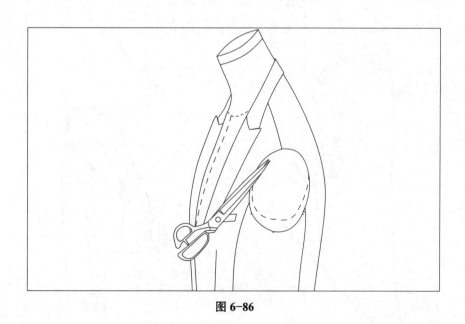

图 6-86

2. 面布袖山抽吃势，见图6-87。

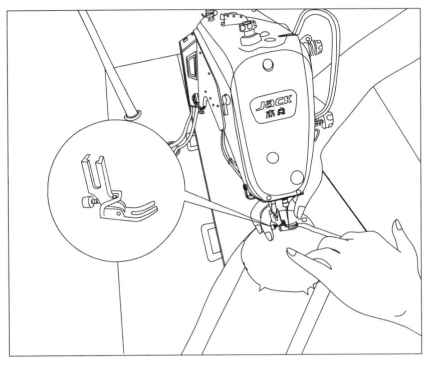

图 6-87

3. 把袖子托在手上观察收好吃势后袖子的效果，然后把袖子放在台面上观察袖内侧的效果，如果袖山和袖底线条有明显的变形和不顺，可以修剪一下（特别需要注意的是，纸样也要同步修改），见图6-88。

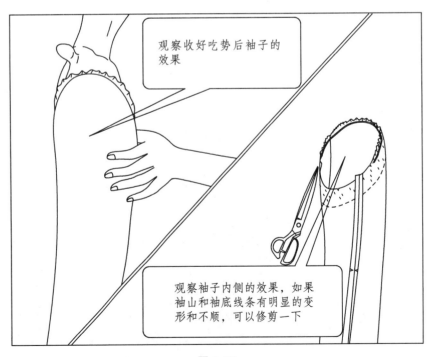

观察收好吃势后袖子的效果

观察袖子内侧的效果，如果袖山和袖底线条有明显的变形和不顺，可以修剪一下

图 6-88

4. 把袖子放在台面上观察吃势的效果，见图6-89。袖山收好吃势后熨烫一下。

袖山吃势该收到什么程度，怎样才算把袖山吃势收到位了？当把收好吃势的袖子放在台面上，可以看到袖山自然地朝里窝起来，像安装好的袖子一样饱满、自然，止口边缘没有散开，也没有由于吃势收得太多而起皱的情况，这样才算把吃势收好了。

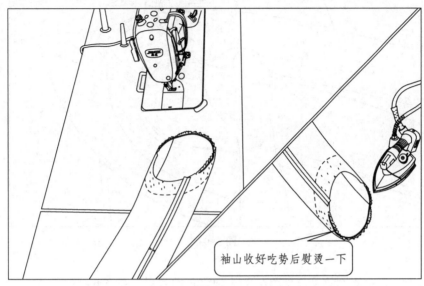

袖山收好吃势后熨烫一下

图 6-89

5. 确认顶端刀口位，见图6-90。

图 6-90

6. 缝合袖山上半段，见图6-91。

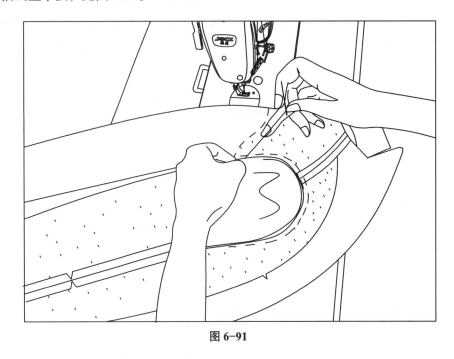

图6-91

7. 穿在人台上，观察侧面效果，见图6-92。观察正面效果，见图6-93。

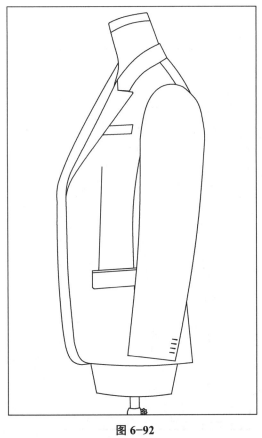

图6-92

图6-93

8. 平铺衣服，把一个塑料放码尺插进袖窿底部，见图6-94。

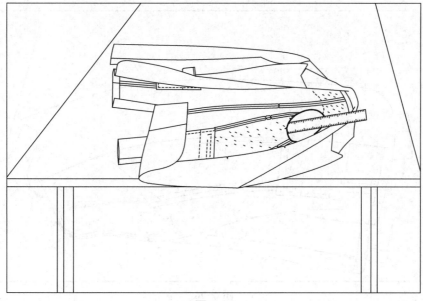

图 6-94

9. 然后用大头针固定袖窿底部，见图6-95。

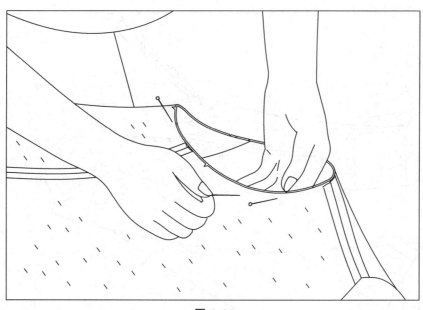

图 6-95

10. 再用手缝针缝住，见图6–96。

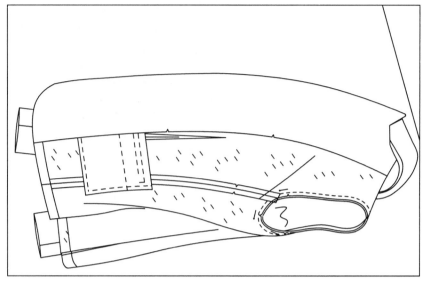

图 6-96

11. 确定效果后用机器缝合，见图6–97。

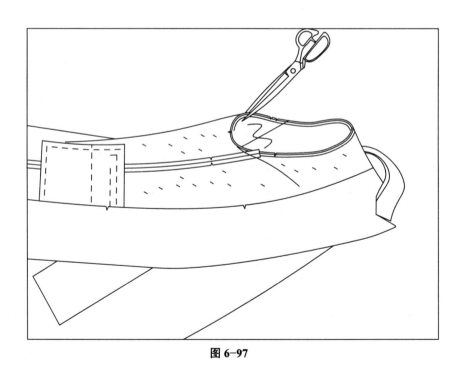

图 6-97

12. 钉弹袖棉。弹袖棉的作用是使肩头更加圆顺饱满，不会因为袖山止口收吃势而产生褶痕，见图6-98。

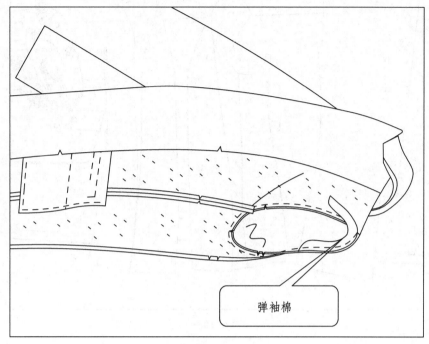

弹袖棉

图6-98

第十四节　做里布

1. 前里活褶定位，见图6-99。

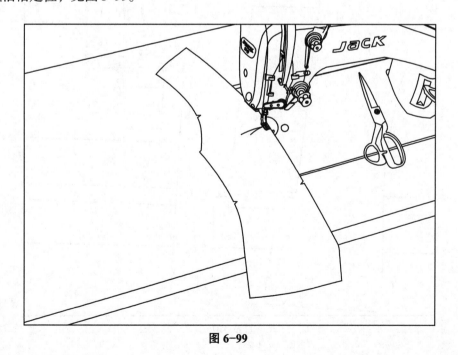

图6-99

2. 收里布前公主缝, 见图6-100。

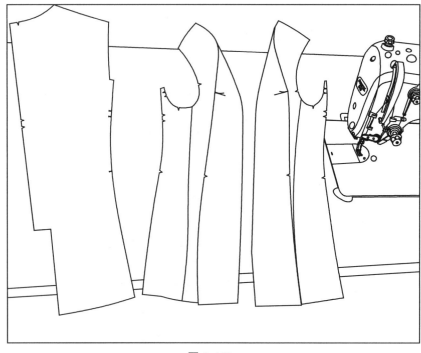

图 6-100

3. 拼合里布后公主缝, 见图6-101。

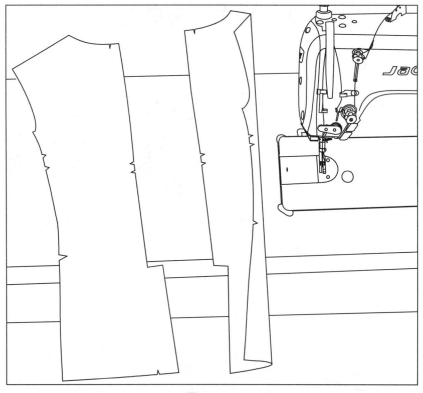

图 6-101

4. 拼合里布后中缝，留出衩位，见图6-102。

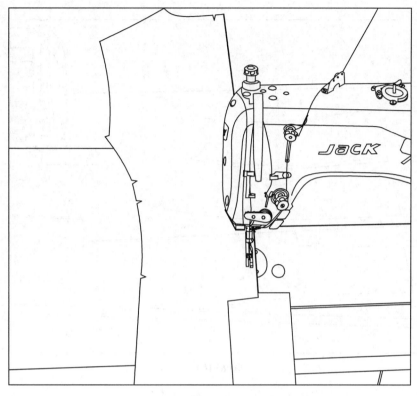

图 6-102

5. 里布后中缝打活褶并定位，见图6-103。

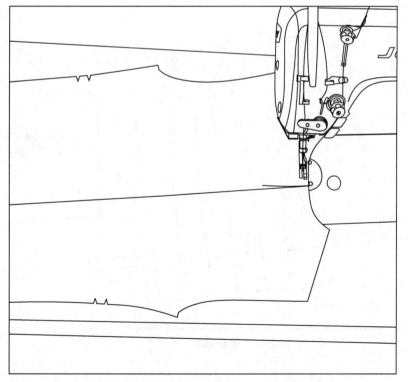

图 6-103

6. 里布拼合肩缝，见图6-104。

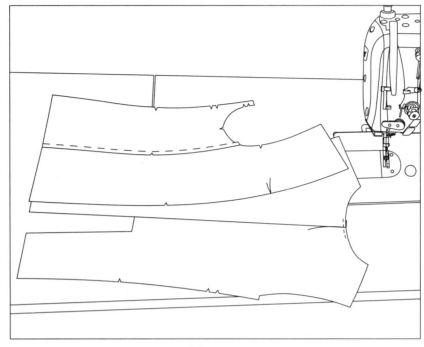

图 6-104

7. 拼合里布前、后袖缝，见图6-105。

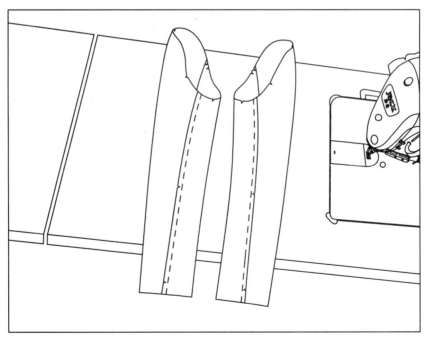

图 6-105

8. 拼合里布后袖缝的时候，在任意一只袖子里布的后袖缝上留10cm左右的洞，用于装好里布后把衣服翻过来，见图6-106。

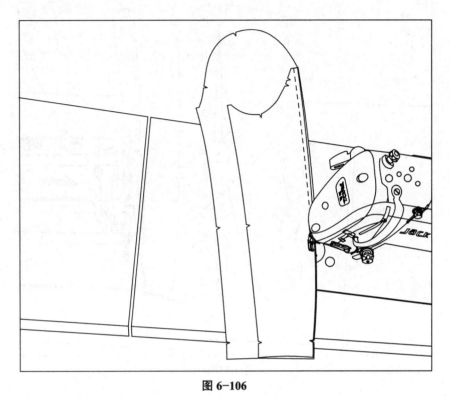

图 6-106

9. 里布袖山收吃势，见图6-107。

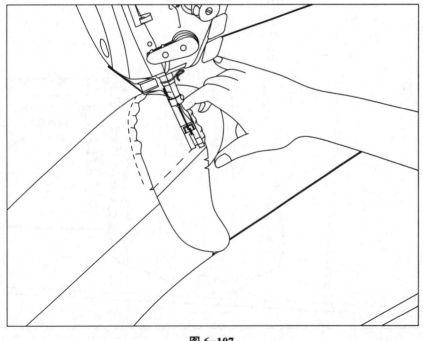

图 6-107

10. 安装里布袖子，见图6-108。

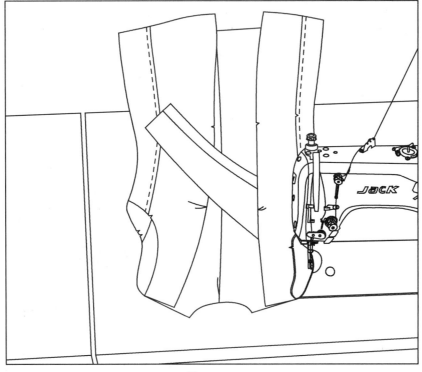

图 6-108

11. 袖窿底部钉里布牵条，见图6-109。

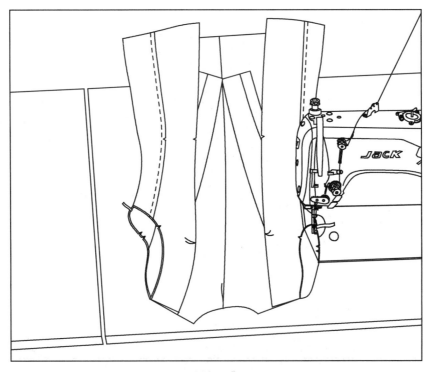

图 6-109

12. 烫平里布，见图6-110。注意，里布止口不需要烫开缝。一般情况下，从里布的反面看，前、后公主缝止口朝前、后中缝倒，袖子前袖和后袖止口朝大袖方向倒，后中缝止口朝右边倒。

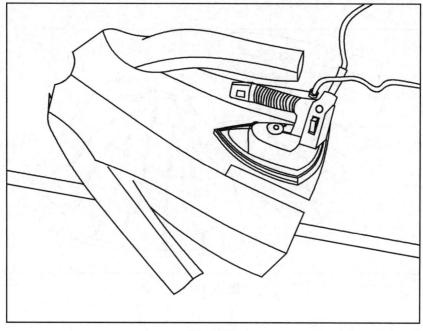

图 6-110

13. 完成后的状态见图6-111。

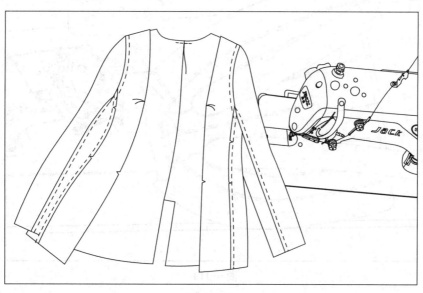

图 6-111

第十五节　套里布

1. 里布和挂面缝合，见图6-112。

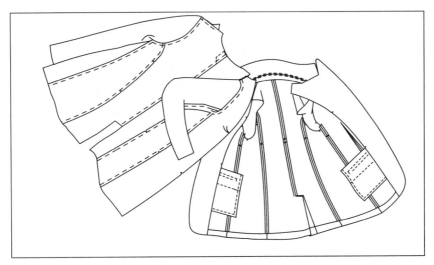

图 6-112

2. 拼合里布肩缝，见图6-113。

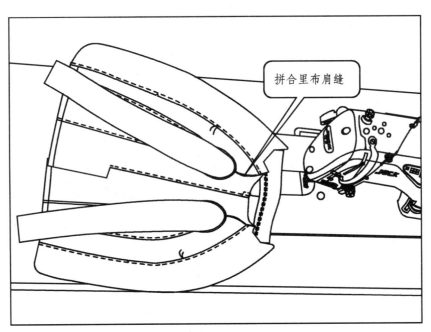

拼合里布肩缝

图 6-113

3. 拼合里布领圈，见图6-114。

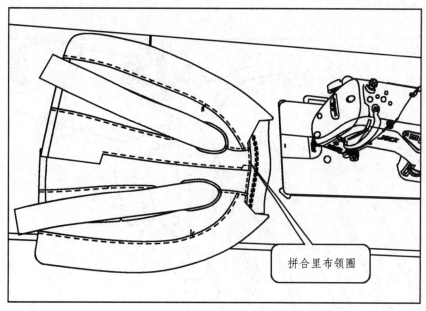

拼合里布领圈

图 6-114

4. 拼合袖口，注意袖子里布不要扭起来，见图6-115。

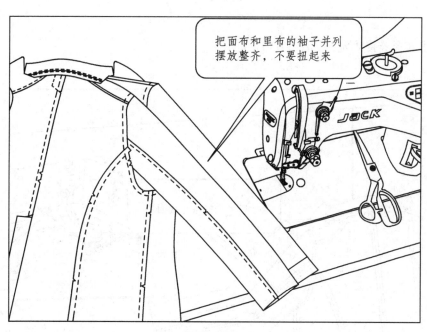

把面布和里布的袖子并列
摆放整齐，不要扭起来

图 6-115

5. 缝合袖口里布的技巧是把面布袖子折叠一下，让面布袖口和里布袖口"口口相对"，然后对准袖缝拼合起来，见图6-116。

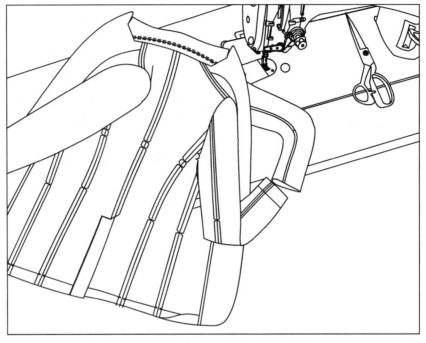

图 6-116

6. 袖底用里布条连接固定，见图6-117。

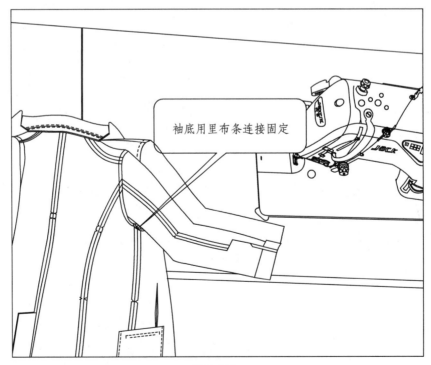

图 6-117

7. 先拼合右衩，见图6-118。

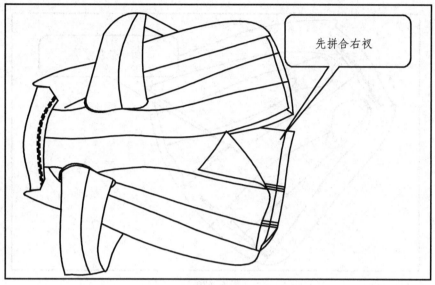

图 6-118

8. 右衩压边线，见图6-119。

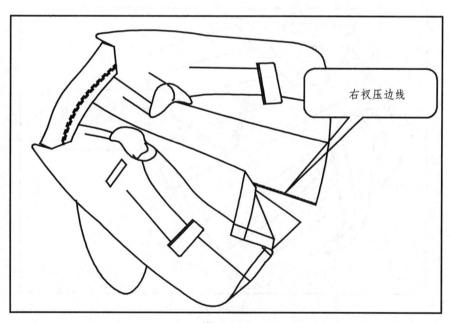

图 6-119

9. 固定后衩上端，见图6-120。

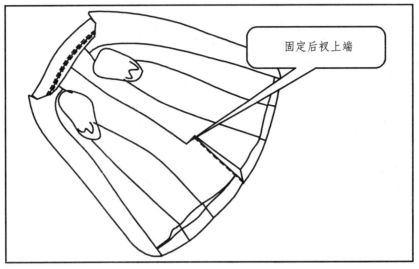

图 6-120

10. 第一个转角处需要打第一个刀口，见图6-121。

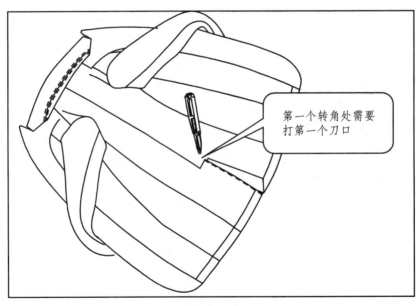

图 6-121

11. 第二个转角处还需要打第二个刀口，见图6-122。

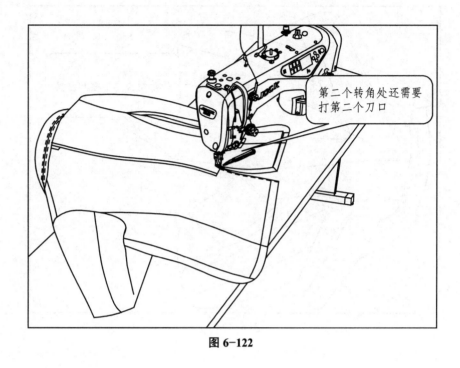

图 6-122

12. 然后拼合右下摆，见图6-123。

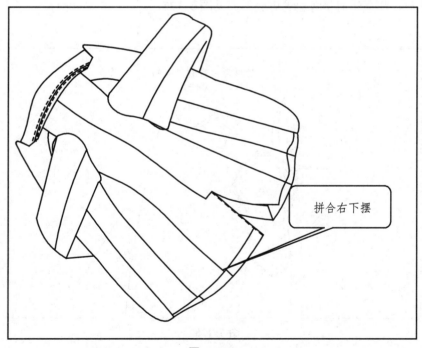

图 6-123

13. 最后拼合左下摆和左衩，见图6-124。

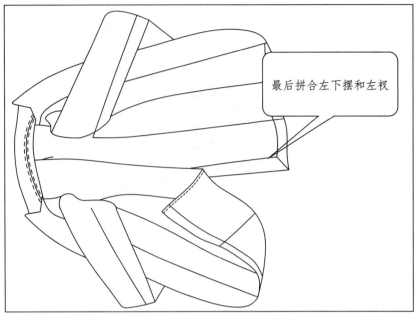

图 6-124

第十六节　钉垫肩，肩头定位

1. 手工钉垫肩，注意垫肩是背对着肩缝的，见图6-125。

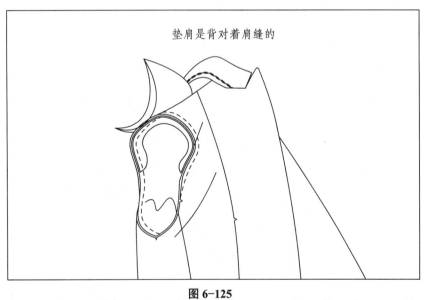

图 6-125

2. 垫肩和袖窿之间要留有一定的松量，见图6-126。

3. 垫肩尾部和肩缝连接起来也要留有一定的松量，见图6-127。

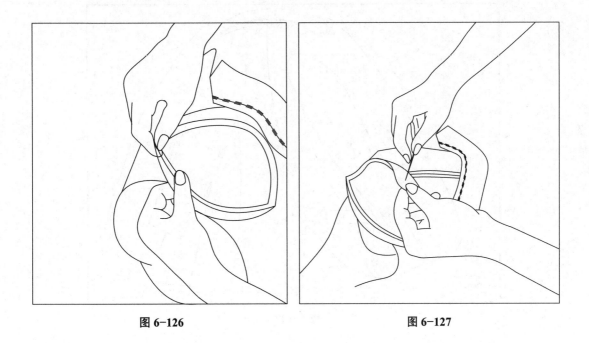

图 6-126   图 6-127

第十七节　翻衫

1. 下摆折边在每一条拼合缝上都要固定住，然后翻衫，见图6-128。

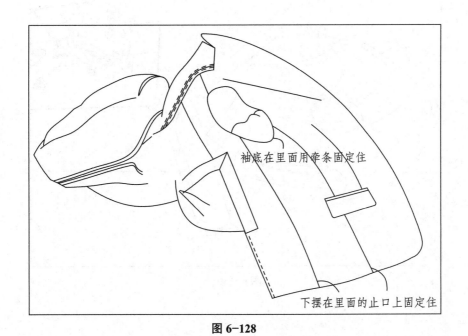

袖底在里面用牵条固定住

下摆在里面的止口上固定住

图 6-128

2. 翻衫完成后的状态见图6-129。

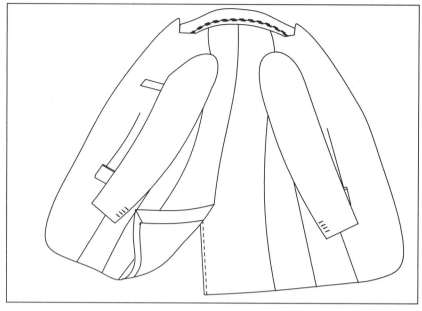

图 6-129

3. 袖子里面封口，见图6-130。

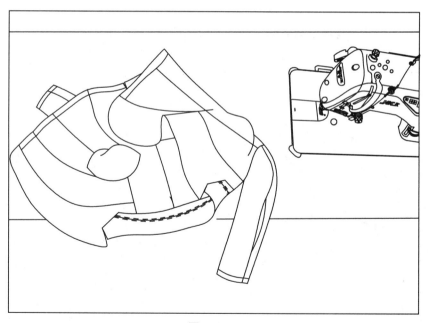

图 6-130

第十八节　手工三角针固定驳头和领嘴，打凤眼，钉纽扣

1. 领嘴手工三角针，见图6-131。

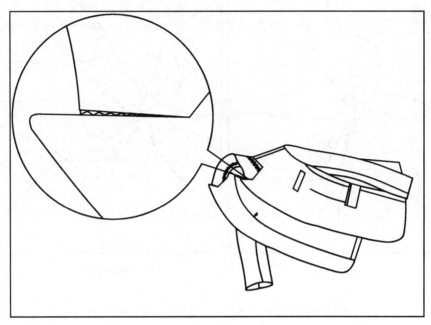

图 6-131

2. 门襟打凤眼，见图6-132。

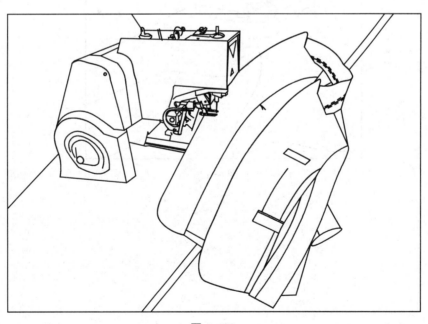

图 6-132

3. 手工钉纽扣、绕线柱，见图6-133~图6-135。

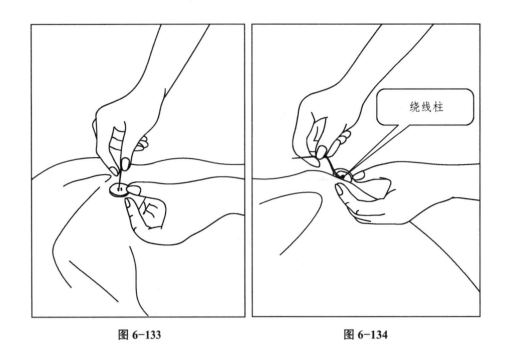

绕线柱

图 6-133   图 6-134

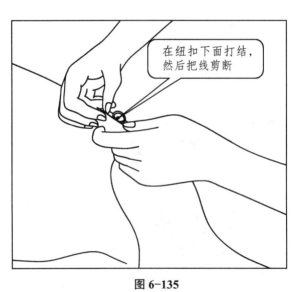

在纽扣下面打结，然后把线剪断

图 6-135

第十九节　整烫

整烫见图6-136。

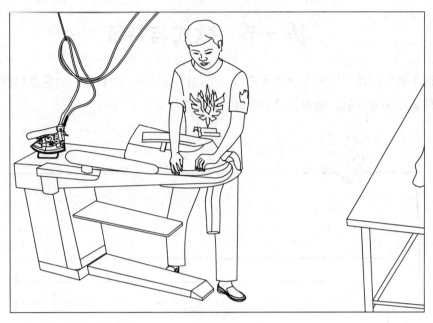

图 6-136

第七章 露齿拉链连衣裙缝制

第一节 款式与特征

　　此款拉链不到领圈顶，后领左边有布纽门，右边钉小纽扣，面布前、后育克和腰节为合缝，止口朝下倒，其他止口为烫开缝，里布止口都合缝，见图7-1。

深圳XXX服装有限公司设计稿（单位：cm）			
款号： 20 年 季 月 日		规格	中码
		后中	88
		胸围	92
		腰围	75
		肩宽	36.5
		袖长	50
		里布A：	
		拉链：	
纸样师：	样衣师：		
面布A：	面布B：	纽扣：	
		其他：	

3° 金属拉链

图7-1

第二节　具体制作工序

　　排料裁剪→烫衬条→领圈烫衬条→拉链位烫衬→拼合前、后育克，然后拷边→收前、后腰省，拼合前、后腰→面布拷边后拼合，然后烫开缝→安装露齿拉链→做布纽门，钉布纽门→拼合面布肩缝、侧缝，然后烫开缝→做里布→拼合、整烫领圈→装袖子→修剪下摆，屸下摆→整烫。

　　缝制连衣裙需要注意的是，一般先做好前片和后片，然后拼合侧缝和肩缝，不能先拼合上半身，再拼合下半身，然后拼合腰节。因为后一种方法中，如果想改变腰围尺寸会比较困难，而前一种方法中，只需要重新缝合腰侧的止口宽度。简而言之，就是要尽量"前归前、后归后"，不要"上归上、下归下"。

第三节　排料

　　1. 面布排料，见图7-2。

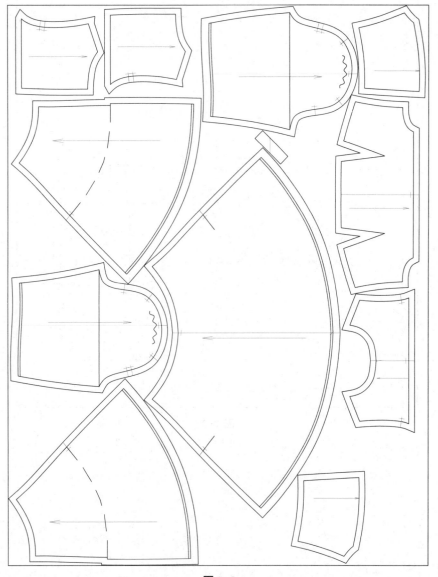

图7-2

2. 里布排料，见图7-3。

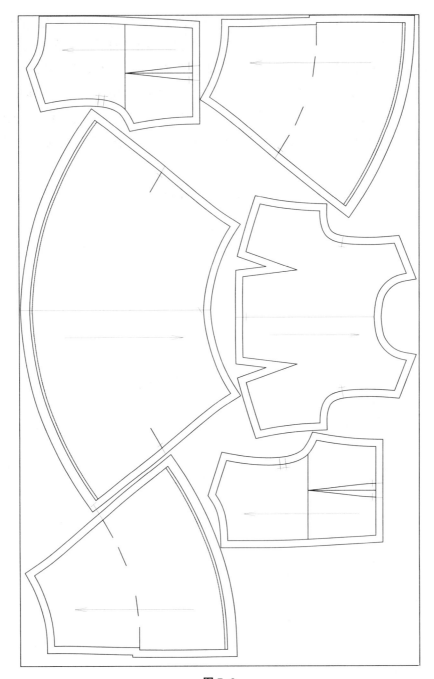

图7-3

第四节 领圈烫衬条，拉链位烫衬

1. 领圈烫衬条。注意衬条是烫在里布领圈上而不是烫在面布领圈上的，这是因为我们通过大量实践发现，用衬条固定住里布的领圈后再缝合面布领圈，此时面布领圈仍然保留一定的松度，因而效果比较自然和美观，见图7-4。

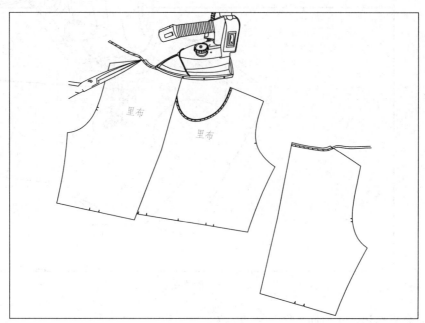

图 7-4

2. 后中拉链位烫衬，见图7-5。

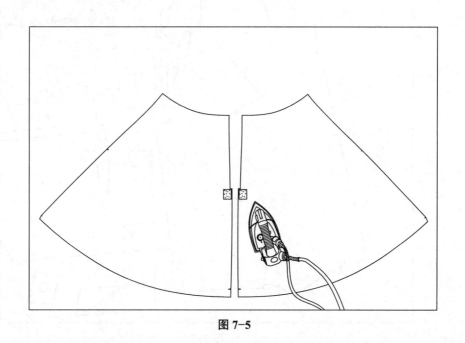

图 7-5

第五节　拼合前、后育克，然后拷边

1. 拼合前、后育克，见图7-6。

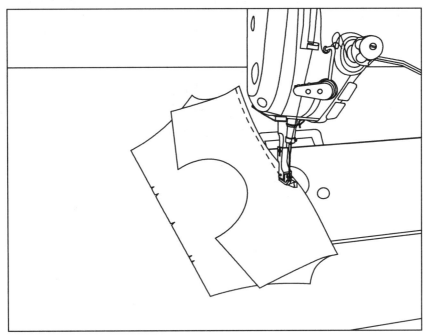

图 7-6

2. 前、后育克拷边，止口向下倒，见图7-7。

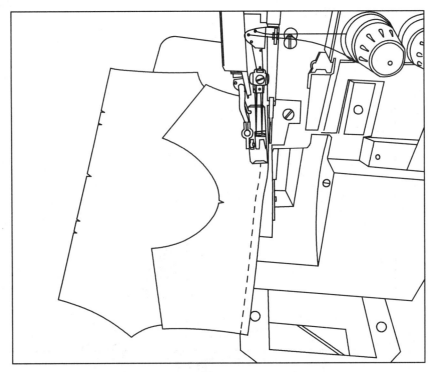

图 7-7

第六节　收前、后腰省，拼合前、后腰节

1. 面布收前、后腰省，见图7-8。

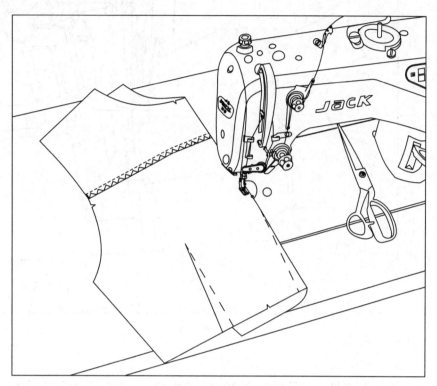

图 7-8

2. 拼合面布前、后腰缝，见图7-9。

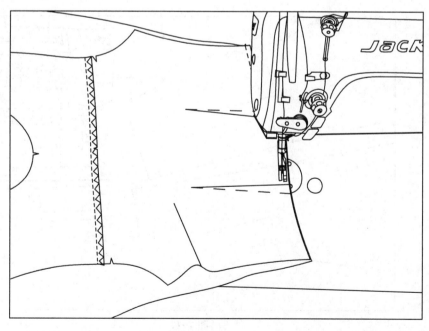

图 7-9

3. 面布前、后腰缝拷边，见图7-10。

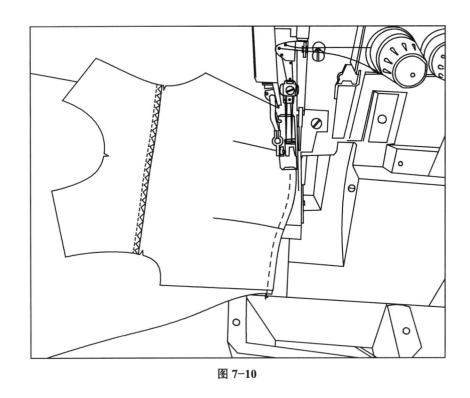

图 7-10

第七节　面布拷边后拼合，然后烫开缝

1. 面布前、后肩缝和侧缝拷边，见图7-11。

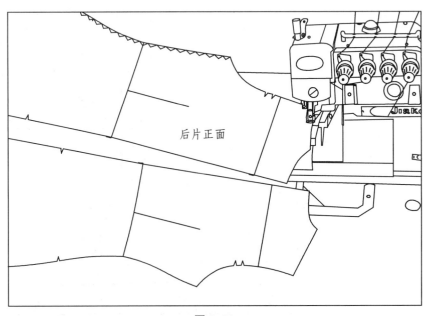

后片正面

图 7-11

2. 面布后中拷边，见图7-12。

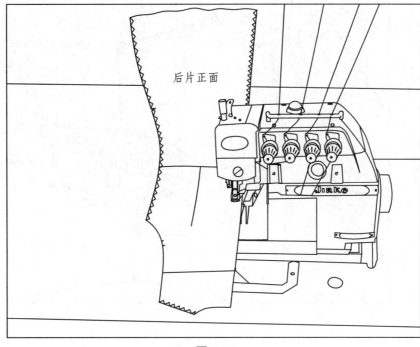

后片正面

图7-12

3. 拼合后中缝，留出拉链位，见图7-13。

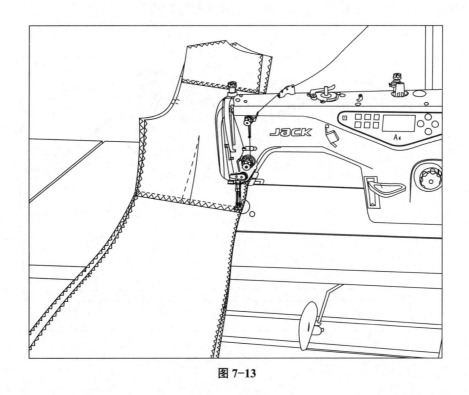

图7-13

4. 后中缝烫开，见图7-14。

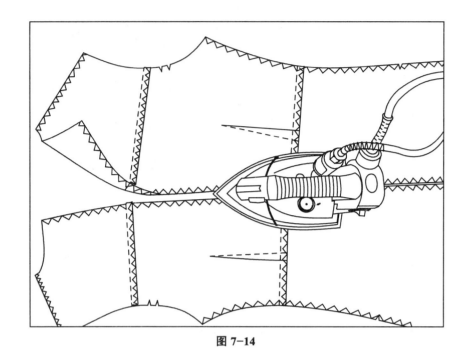

图 7-14

第八节　安装露齿拉链

1. 磨压脚。有的拉链比较窄小，需要在砂轮机上把压脚磨窄一点，见图7-15。

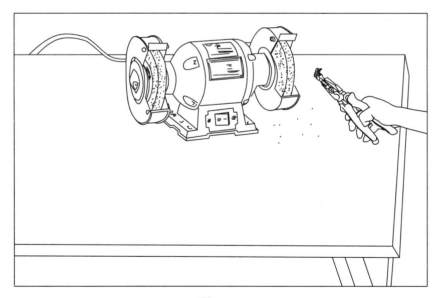

图 7-15

2. 缝住拉链下端，见图7-16。

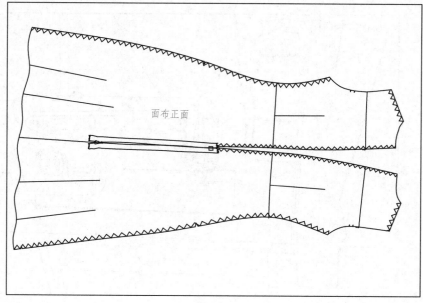

图 7-16

3. 面布后中缝烫开，见图7-17。

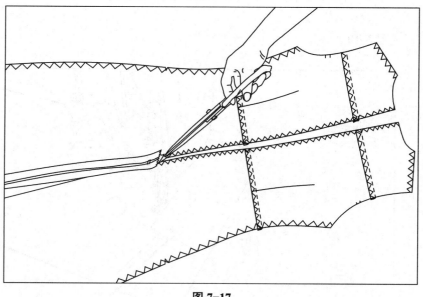

图 7-17

4. 翻过来，缝好拉链，见图7–18。

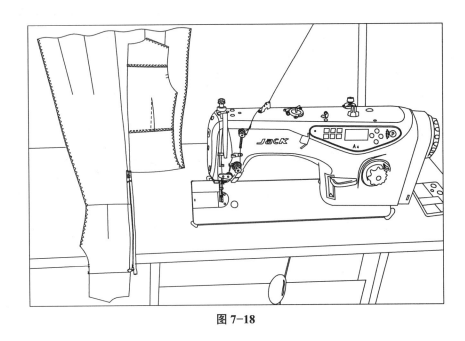

图 7–18

第九节　做布纽门，钉布纽门

1. 缝斜条，见图7–19。

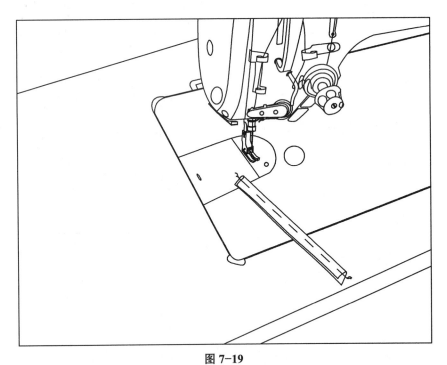

图 7–19

2. 用钩针把缝住的斜条翻过来，然后把布纽门固定到面布后领左边上端，注意纽门内径要和纽扣大小对应，见图7-20。

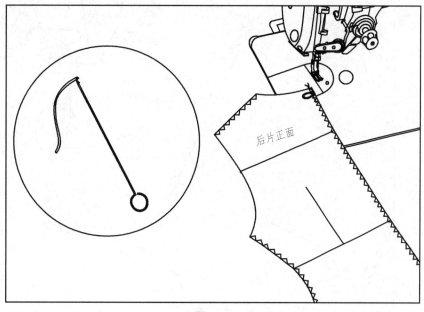

图 7-20

第十节　面布拼合肩缝、侧缝，然后烫开缝

1. 面布拼合侧缝，见图7-21。

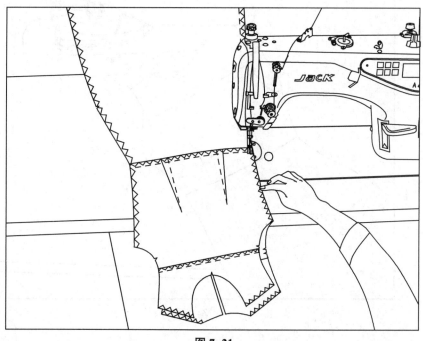

图 7-21

2. 面布拼合肩缝，见图7-22。

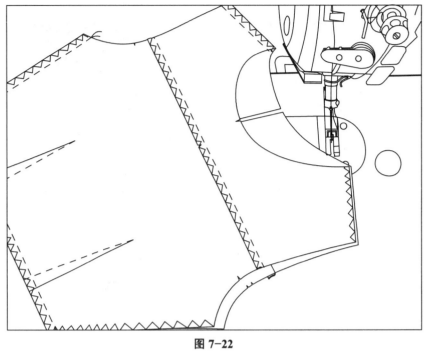

图 7-22

3. 然后烫开缝，见图7-23。

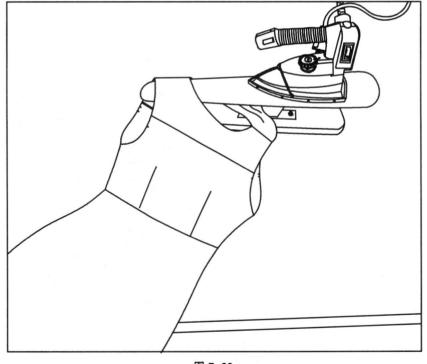

图 7-23

第十一节　做里布

1. 里布收前、后省，见图7-24。

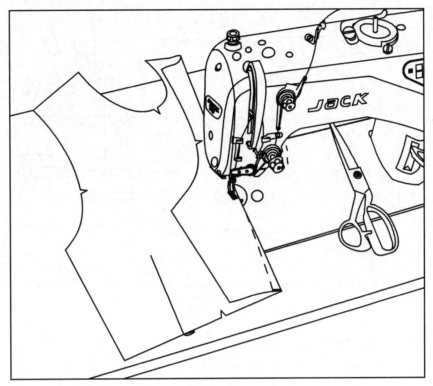

图 7-24

2. 里布拼合前、后腰节，见图7-25。

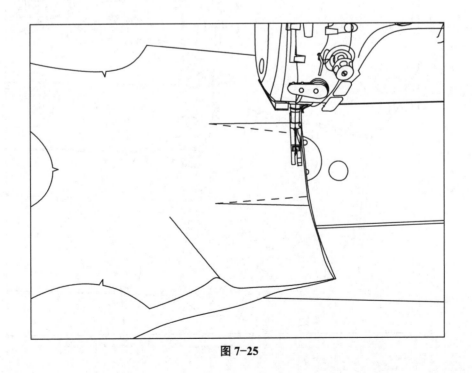

图 7-25

3. 前、后里布腰节拷边，见图7-26。

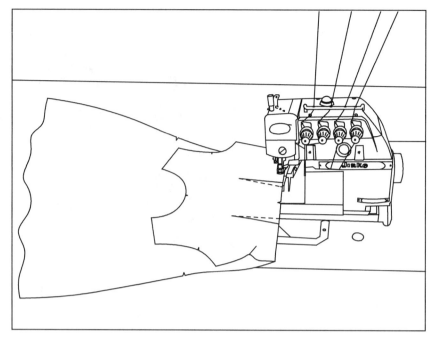

图 7-26

4. 里布先拼合腰节，再拼合前、后侧缝，见图7-27。

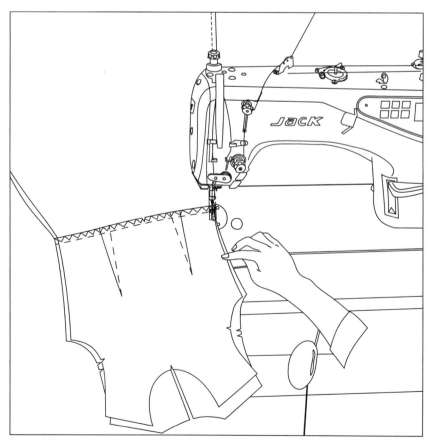

图 7-27

5. 里布拼合侧缝和拷边，见图7–28。

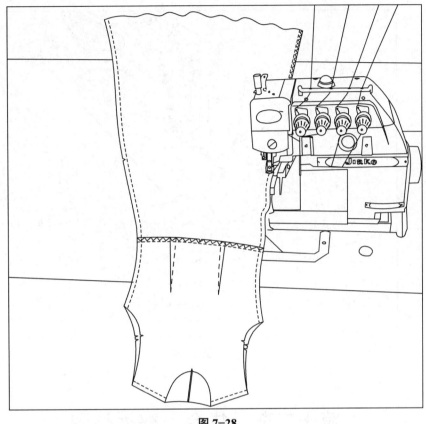

图 7–28

6. 里布拼合前、后腰节，见图7–29。

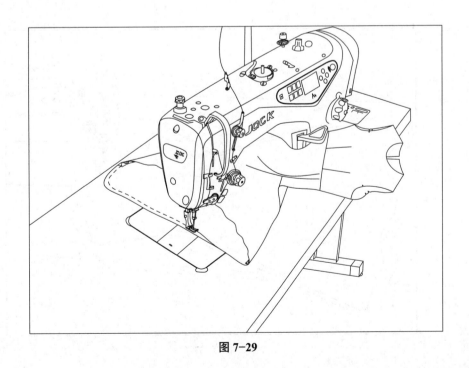

图 7–29

7. 拉链位置缝合里布，见图7-30。

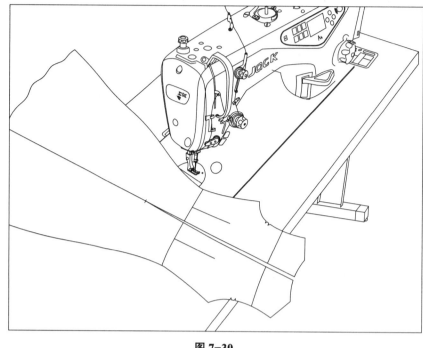

图 7-30

第十二节　拼合、整烫领圈

1. 拼合面布和里布的领圈，对准肩缝，见图7-31。

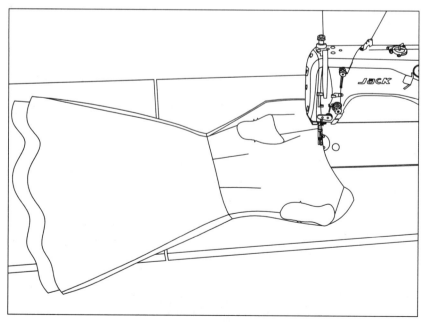

图 7-31

2. 修剪领圈，见图7-32。

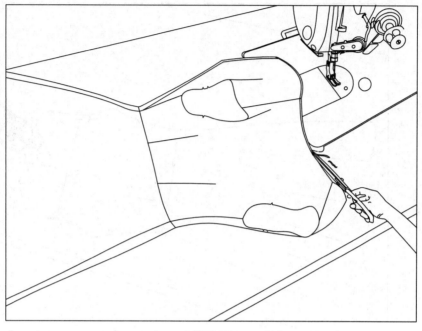

图 7-32

3. 领圈压暗线，见图7-33。

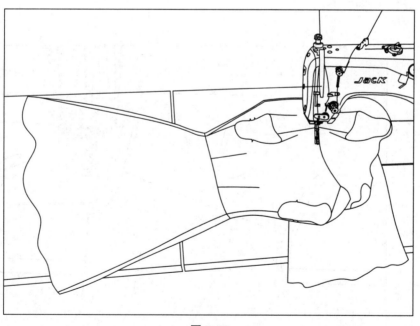

图 7-33

4. 整烫领圈，见图7-34。

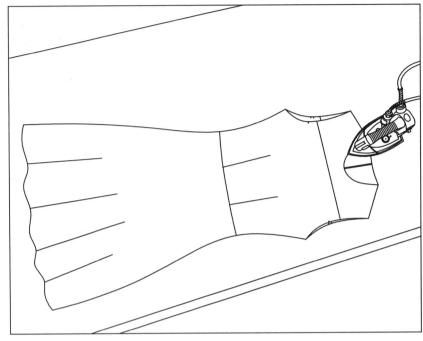

图 7-34

第十三节　装袖子

1. 袖窿走线，见图7-35。

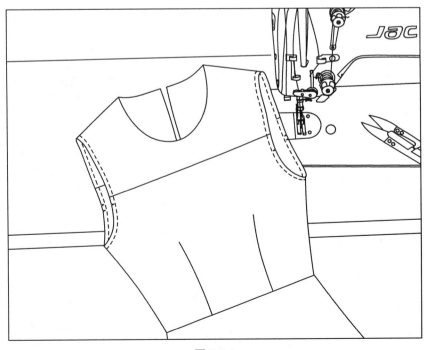

图 7-35

2. 修剪袖窿，见图7-36。

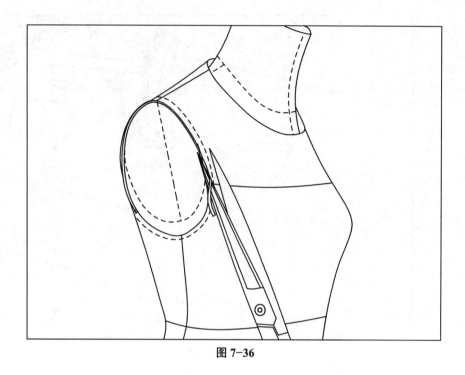

图 7-36

3. 袖山收碎褶，见图7-37。

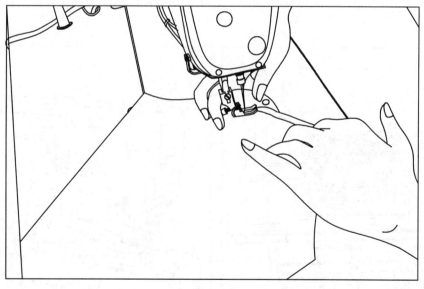

图 7-37

4. 拼合袖底缝，然后拷边，见图7-38。

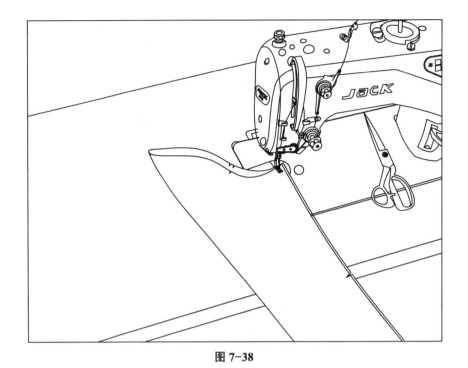

图 7-38

5. 由于此款面料有一定的弹力，所以下摆和袖口采用绷缝机来缝折边。绷缝机也称冚车，分平冚（图7-39）和拉冚（图7-40）两种，其中，拉冚适用于比较小的袖口和裤口。

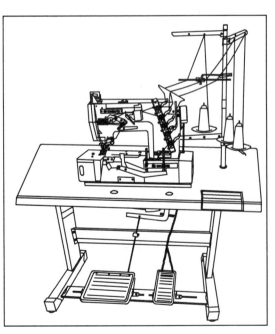

图 7-39

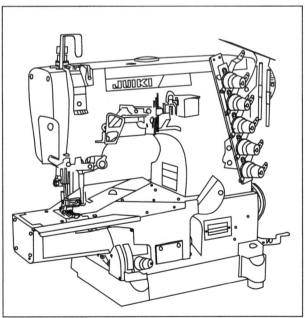

图 7-40

6. 袖口凸折边，见图7-41。

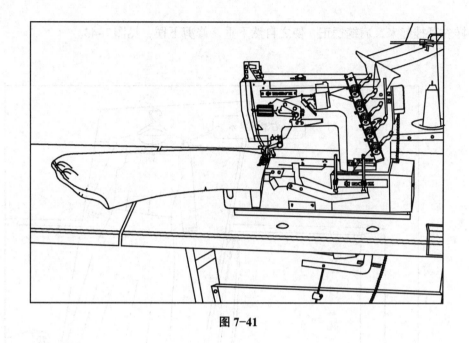

图 7-41

7. 装袖完成，然后拷边，见图7-42。

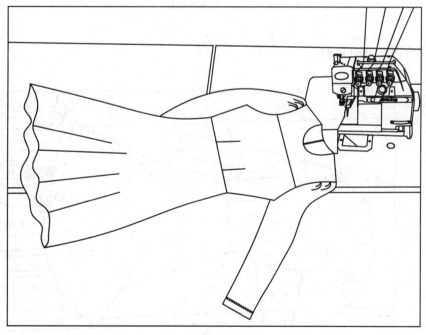

图 7-42

第十四节　修剪下摆，𣲘下摆

1. 将样衣悬挂起来，肩缝摆正，使之自然下垂，修剪下摆，见图7-43。

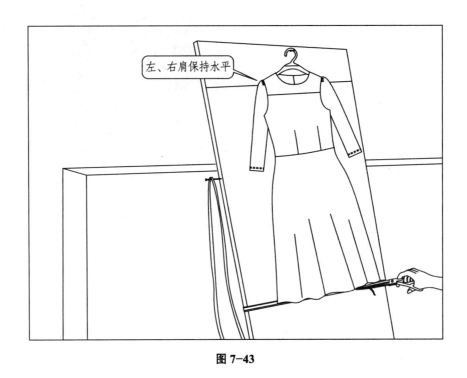

图 7-43

2. 下摆𣲘折边，见图7-44。

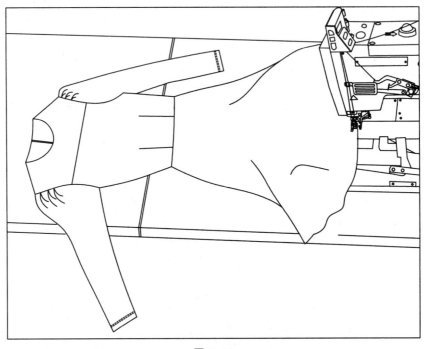

图 7-44

第十五节　整烫

1. 整烫，见图7-45。

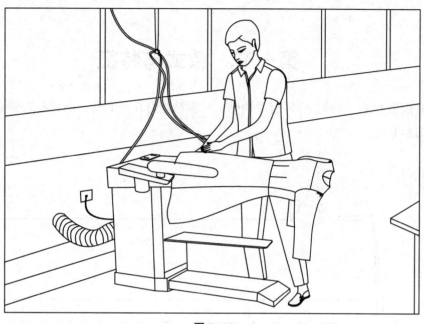

图 7-45

2. 完成后的连衣裙正面效果见图7-46，背面效果见图7-47。

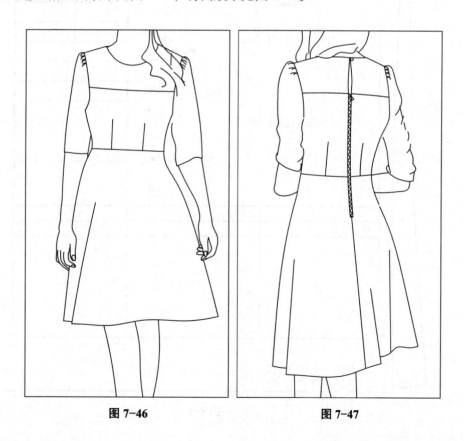

图 7-46　　　　　　　　　　　　　　　图 7-47

第八章 针织衫缝制

第一节 款式与特征

此款为宽松型T恤，短袖，后领有后领贴，后领贴是钉在外面的，前片有左胸袋，领子是用罗纹布做的，见图8-1。

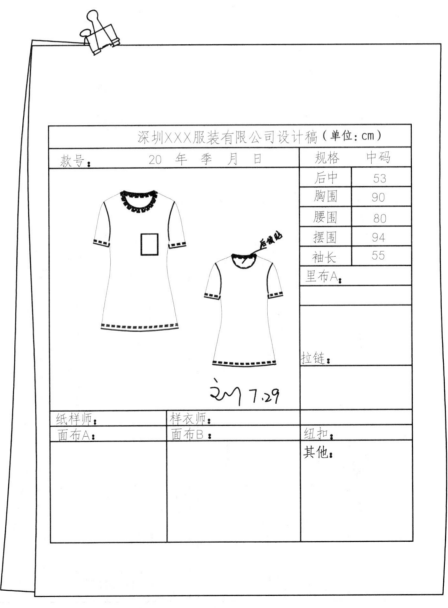

图 8-1

第二节　具体制作工序

裁剪→包烫→钉口袋→钉后领贴→排料与裁剪→口袋裁片上方拷边→包烫后领贴和口袋→绱领圈→装袖子→侧缝拷边，缲袖口和下摆→整烫。

第三节　排料与裁剪

1. 面布的排料见图8-2。
2. 里布的排料见图8-3。

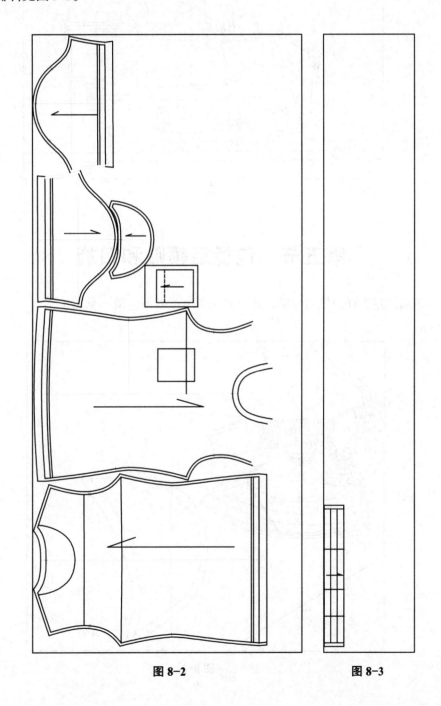

图 8-2　　　　　　　　　　图 8-3

第四节　口袋裁片上方拷边

口袋拷边时，只需要把口袋上方的这条边，即袋口部位这条边拷边，见图8-4。

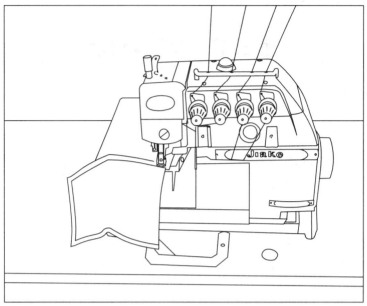

图8-4

第五节　包烫后领贴和口袋

1. 包烫后领贴。用实样包烫后领贴，其上方这条边可以不包烫，见图8-5。

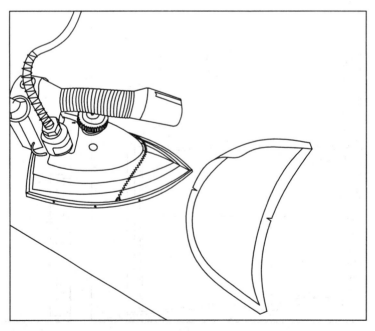

图8-5

2. 包烫口袋，见图8-6。

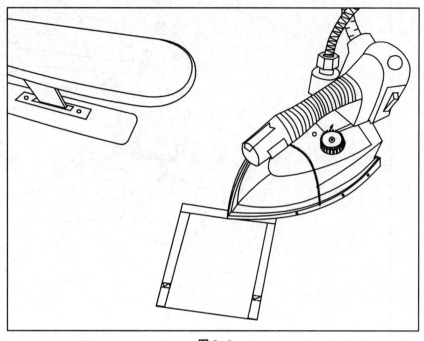

图8-6

3. 后领贴定位，见图8-7。

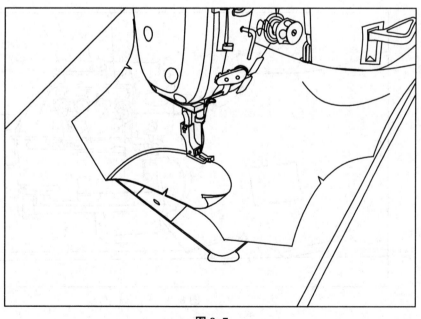

图8-7

4. 钉口袋，见图8-8。

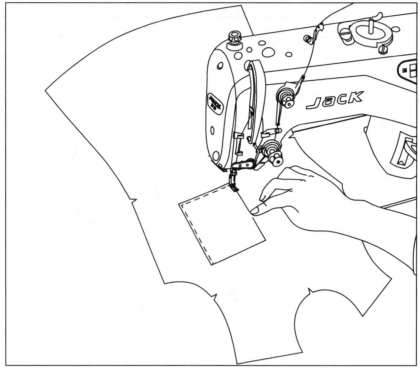

图 8-8

5. 肩缝拷边，见图8-9。

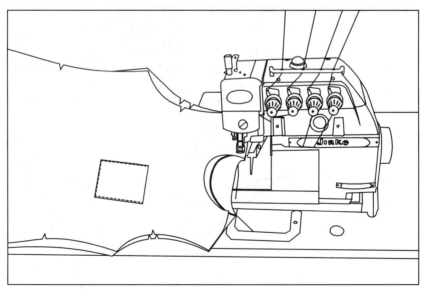

图 8-9

第六节　绱领圈

1. 领圈定位。把罗纹布领圈对准刀口，先固定到领圈上，见图8-10。领圈定位时要适当地把罗纹布领圈拉开，否则领圈没有弹性。定位完成后，要试一下拉开后的长度是否能套过头部，如果太松或者太紧，都要告诉纸样师，灵活地进行修改。

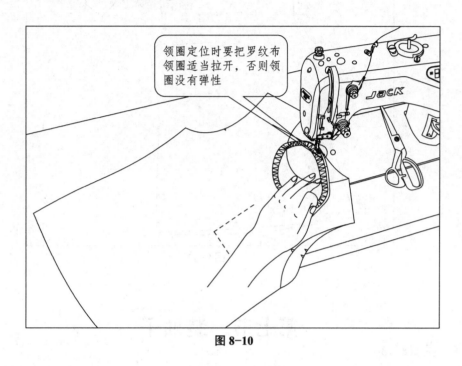

领圈定位时要把罗纹布领圈适当拉开，否则领圈没有弹性

图 8-10

2. 绱领圈，见图8-11。

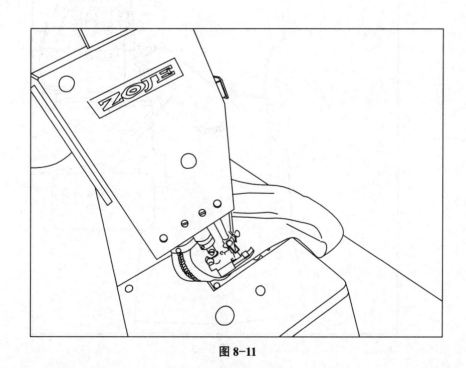

图 8-11

3. 领圈完成，见图8–12。

图 8–12

第七节　装袖子

装袖子，见图8–13。

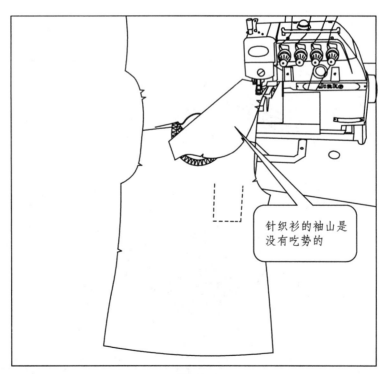

图 8–13

第八节 侧缝拷边，缝袖口和下摆

1. 侧缝拷边，见图8-14。

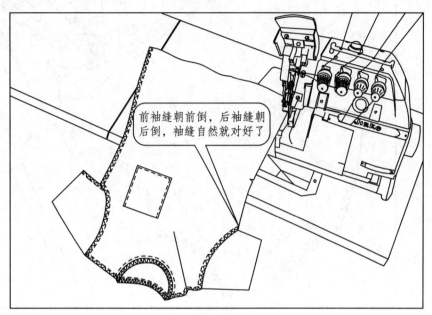

图 8-14

2. 缝袖口，见图8-15。

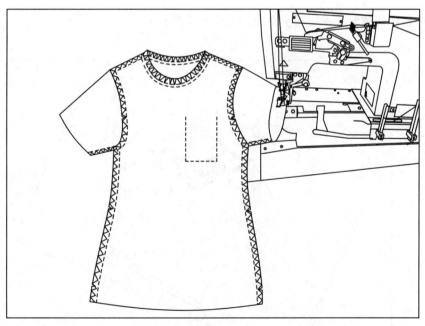

图 8-15

3. 缸下摆，见图8-16。

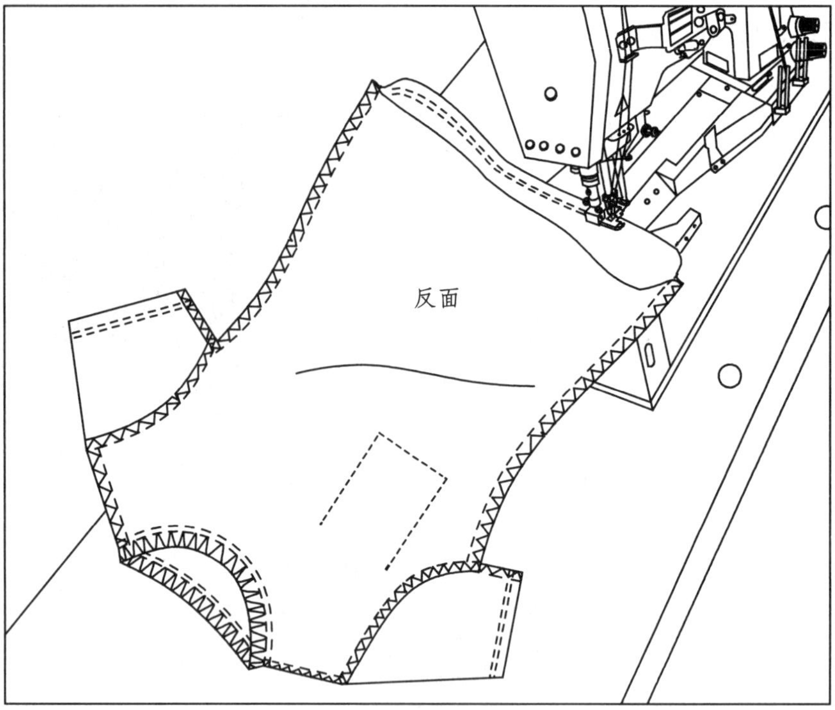

图 8-16

第九节　整烫

1. 针织衫整体熨烫时，采用扁平整烫的方式，见图8-17。

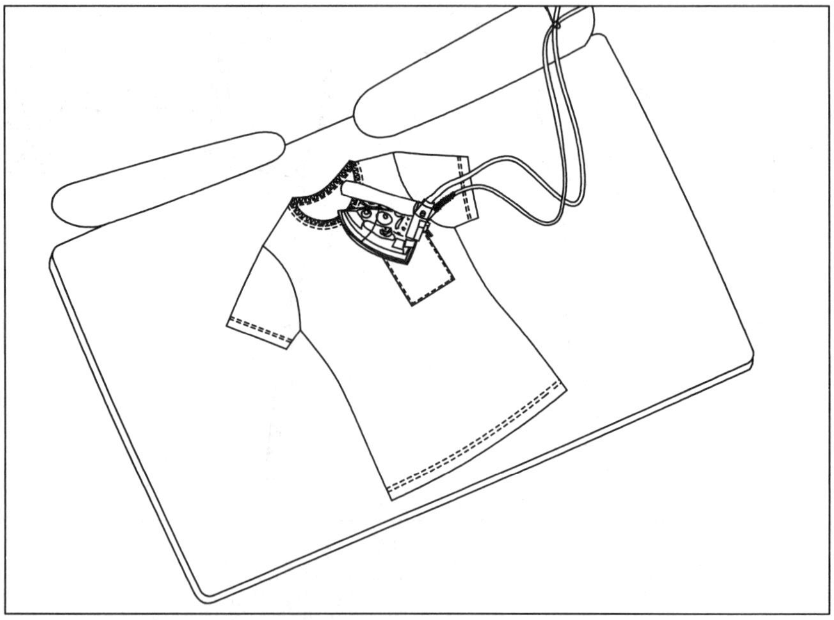

图 8-17

2. 完成后的效果见图8-18。

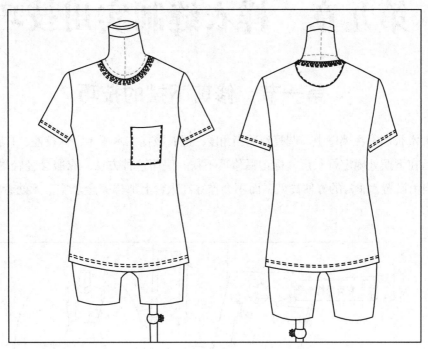

图 8-18

第九章　样衣缝制实用技巧

第一节　修剪下摆的技巧

把一块大木板斜靠在墙壁上，调整到适当角度，把衣服挂在木板上，保持左、右肩水平，使衣服自然下垂，然后在下摆处确定好长度，标记后修剪下摆。使用这种方法，衣服会轻轻附着于木板上，长度标记可以自由设置，非常的方便高效，而不会像穿在人台上那样完全悬空，无处着力，无法做标记。见图9-1。

左、右肩保持水平

完全悬空，无处着力，无法做标记

图 9-1

第二节　点位的方式和技巧

常见的点位工具有锥子、褪色笔、划粉、隐形划粉、白笔、水银笔、高温笔、打线钉等，见图9-2。其中：

锥子用于在省尖和口袋位置扎孔，作为点位。但是，有的布料是不可以打孔的，如牛仔布、针织布、皮革等，就需要采用其他点位方式。

褪色笔点位可以使颜色保留48 h，之后自行变淡并慢慢消失。

划粉用于比较厚的面料。

还有一种隐形划粉，其成分和肥皂相同，在布料上划的痕迹遇到水和蒸汽会消失。

白笔多用于颜色比较深的布料点位。

水银笔多用于裁片里面无需清洗的部位，如裤腰和裙腰里面的画线，也可用于皮革的反面画线。

高温笔用于真丝和浅颜色的布料，这种笔做的痕迹遇到高温的熨烫蒸汽会消失。

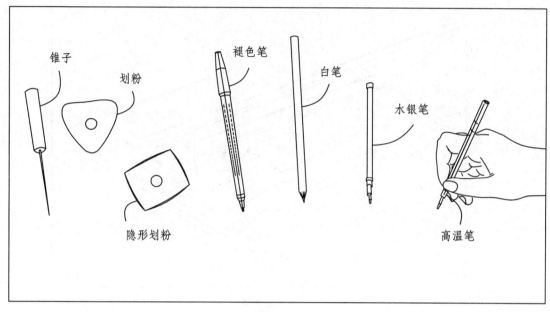

图 9-2

另外，点位还有"扫粉"和"打线钉"的方法。扫粉可以用于比较复杂的图案点位。此法使用一个无底的塑料瓶，里面装上专用的粉末（也有用痱子粉代替的），然后在纸样上按图案扎出很多眼，摆放在裁片上，再用瓶子在上面轻轻拍打摩擦，取下纸样后，裁片上就有这个图案了，见图9-3。

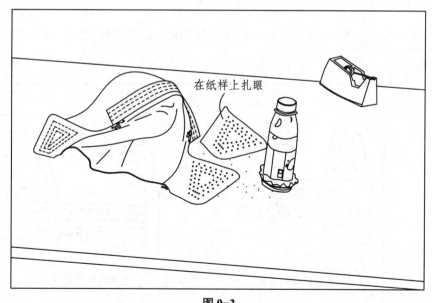

图 9-3

打线钉主要用于比较疏松的面料和价格比较昂贵的面料。此法使用手缝针，在其上穿入颜色比较显眼的线，在裁片上做出标记，见图9-4。

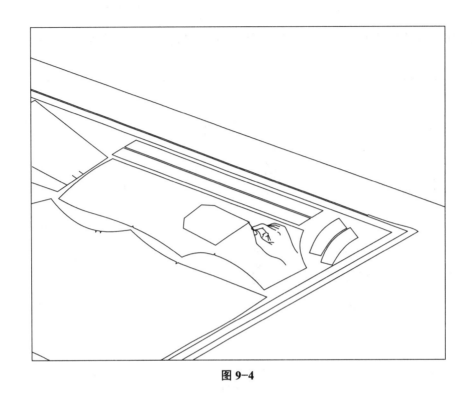

图 9-4

第三节　怎样调试密边线迹？

密边线迹是裁片边缘处理方式之一，是通过把三线拷边机的线迹调得非常窄、非常密来完成的，具体步骤是：

第一步，换针板。普通拷边机针板的中间部位比较宽，而密边拷边机针板的中间部位比较尖，见图9-3。

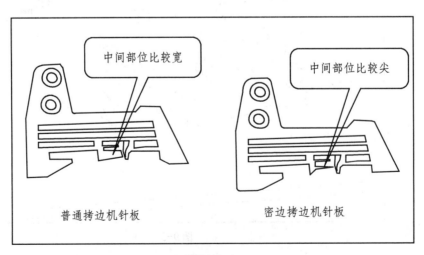

中间部位比较宽　　　　　　中间部位比较尖

普通拷边机针板　　　　　　密边拷边机针板

图 9-5

第二步，拷边机只留三根线，即只留图9-6中最左边这根线和最右边两根线，然后把拷边机的活动面板打开，摁下图9-6中下面这个按钮。

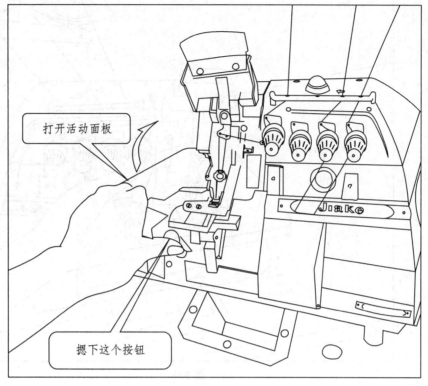

打开活动面板

摁下这个按钮

图 9-6

第三步，逆时针旋转右边的大转轮，听到一声脆响后，继续逆时针缓慢转动，可以参考大转轮上的刻度和旁边的小三角形箭头来判断转动的程度，见图9-7。逆时针转动，针距变小；反之，顺时针转动，针距则变大。逆时针和顺时针转动可以多尝试几次，找一找自己的手感，慢慢就有了经验。

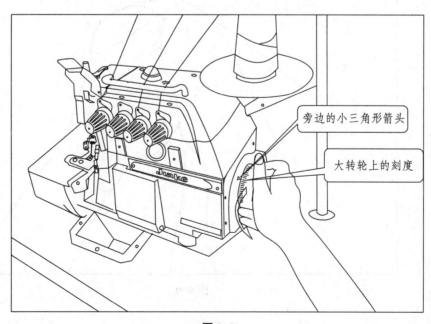

旁边的小三角形箭头

大转轮上的刻度

图 9-7

第四步，把线夹的弹簧调紧，见图9-8。

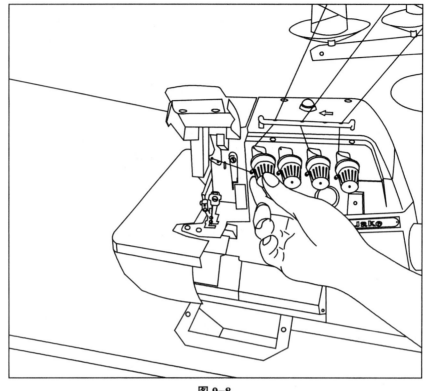

图 9-8

　　第五步，找一块废布头，试一下效果，如果不满意，可以重复以上的步骤，多尝试几次，直到达到满意效果，见图9-9。

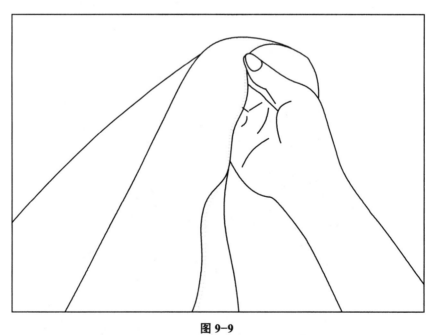

图 9-9

第四节　V形开衩的方法

V形的开衩，由于衩尖非常尖，所以开衩剪开后比较容易破损，见图9-10。

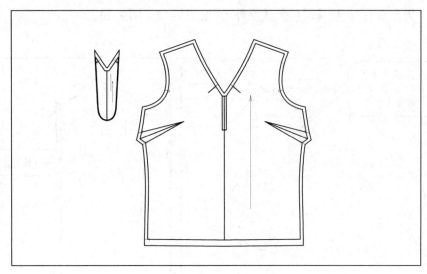

图 9-10

解决的方法是，在开衩处和衩贴上都要黏衬，另外缝纫到衩尖时，需要横着走一针，见图9-11，这样就不容易破损了。

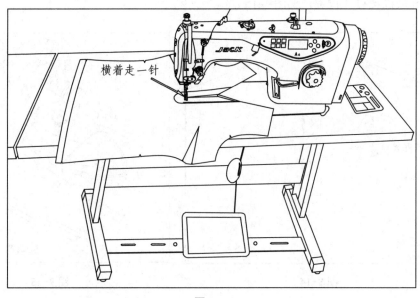

横着走一针

图 9-11

第五节　T恤门襟的四种做法

第一种：内贴门襟的方法。

内贴门襟的特点是，开衩位置位于前中线的左边（按照行业惯例，男款门襟在左边，女款门襟在右边，简称"男左女右"，特殊时装款式除外），见图9-12、图9-13。

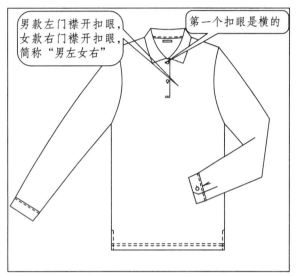

图 9-12

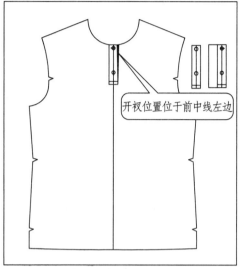

图 9-13

1. 开衩处黏衬，见图9-14。
2. 门襟和底襟烫衬并包烫，见图9-15。

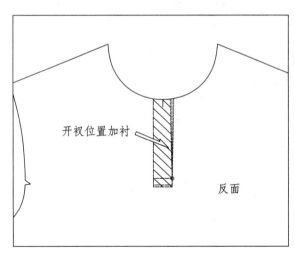

图 9-14

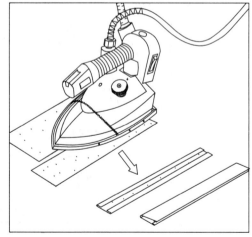

图 9-15

3. 缉右门襟，见图9-16。

4. 安装左底襟，见图9-17。

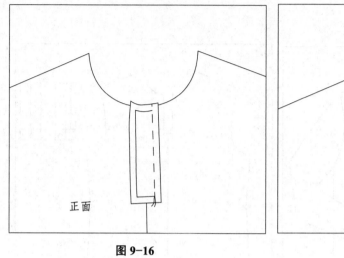

图 9-16

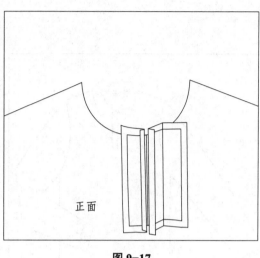

图 9-17

5. 剪开衩子，注意顶端留两根纱不要剪断，见图9-18。

6. 把门襟翻过来，缝好左底襟，再封住下端并拷边，在正面压两条明线，见图9-19、图9-20。

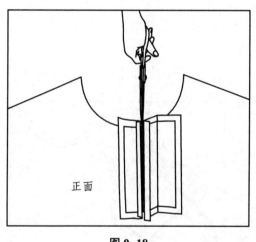

图 9-18

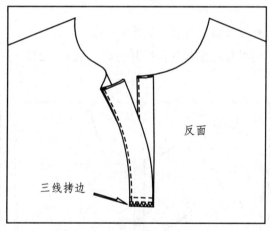

图 9-19

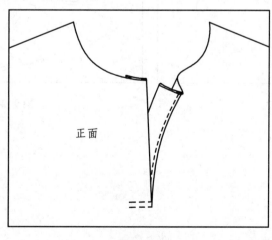

图 9-20

第二种：打三角形刀口的方法。

1. 剪开三角形开衩的方法比较常用，外观效果见图9-21。前片、门襟和底襟的裁片形状见图9-22。

图 9-21   图 9-22

2. 开衩处烫黏合衬，见图9-23。

3. 门襟和底襟烫黏合衬并包烫，见图9-24。

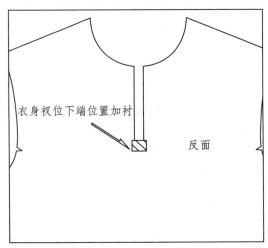

衣身衩位下端位置加衬   反面

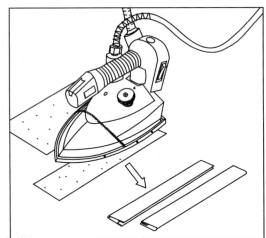

图 9-23   图 9-24

4. 把门襟和底襟重叠起来，把下端缝到衣片开衩处，见图9-25。

5. 剪开三角形刀口，注意刀口顶端留两根纱不要剪断，见图9-26。

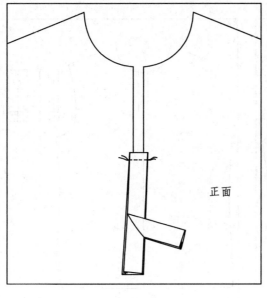

图 9-25

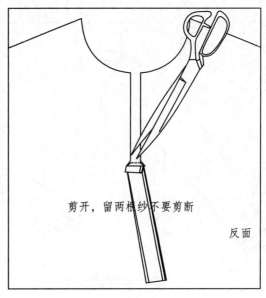

图 9-26

6. 缝住右门襟和左底襟，完成后的效果见图9-27、图9-28。

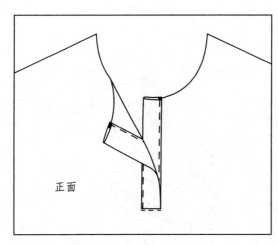

图 9-27

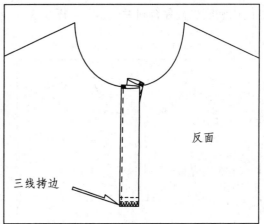

图 9-28

第三种：门襟在上、底襟在下，同时封头的方法。

1. 这种方法比较独特，外观效果见图 9-29。

2. 前片、门襟和底襟的裁片形状见图 9-30。

图 9-29

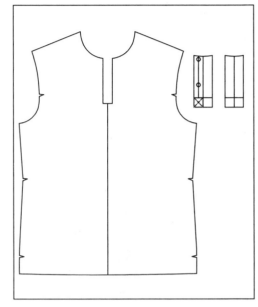

图 9-30

3. 开衩处烫黏合衬，见图 9-31。

4. 门襟和底襟烫黏合衬并包烫，见图 9-32。

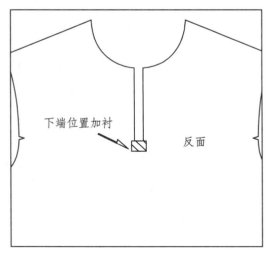

图 9-31

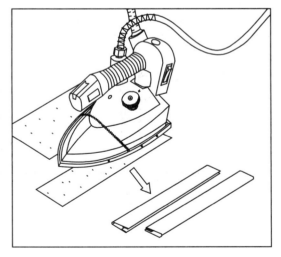

图 9-32

5. 先把底襟下端缝在衣片衩位的反面，再把门襟下端缝在衩位的正面，注意门襟和底襟开口的方向，两条线迹要完全重叠，见图9-33。

6. 再剪开衩三角形刀口，然后把门襟和底襟翻转过来，见图9-34。

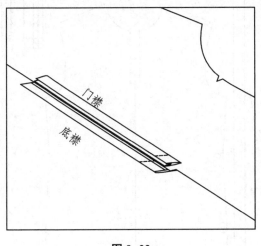

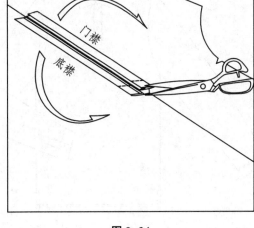

图 9-33   图 9-34

7. 最后缝住门襟和底襟，并在下端用方框线迹和交叉线迹固定住。这种方法下端是折光的，没有毛边，比较美观，但是只适用于比较薄的面料，见图9-35、图9-36。

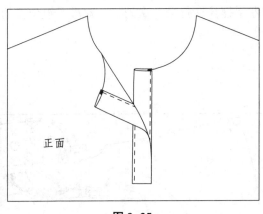

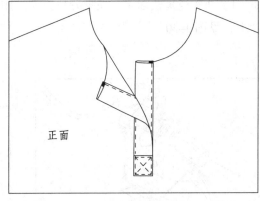

图 9-35   图 9-36

第四种：同衬衫袖衩的开法。

这种方法和前文介绍的衬衫袖衩的开法相同，只是门襟下端由宝剑头形状改成方形。采用这种方法完成的衩子非常结实，无论怎样拉扯或者水洗，都不会破损。

1. 外观效果和裁片形状见图9–37、图9–38。

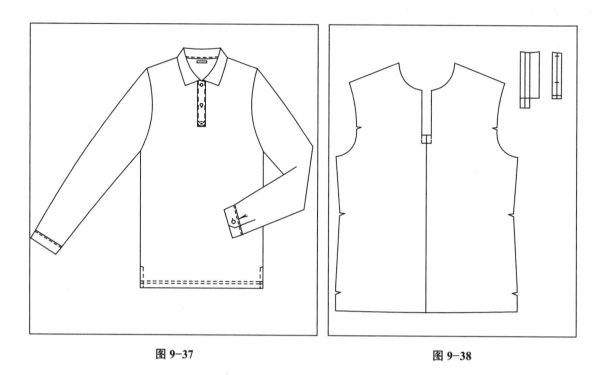

图 9–37   图 9–38

2. 门襟和底襟烫黏合衬并包烫，见图9–39。

3. 把门襟和底襟重叠起来，注意开口方向，用左手捏住，打第一次刀口，对准开衩位置的中间，缝到衣片上，见图9–40。

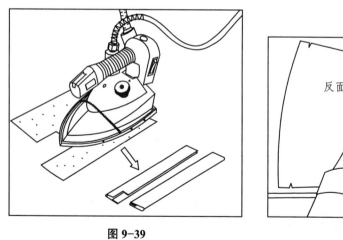

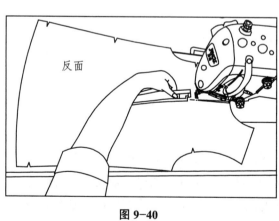

反面

图 9–39   图 9–40

4. 在第一次打的刀口上再打一次刀口，连同衣片一起剪开，见图9-41。

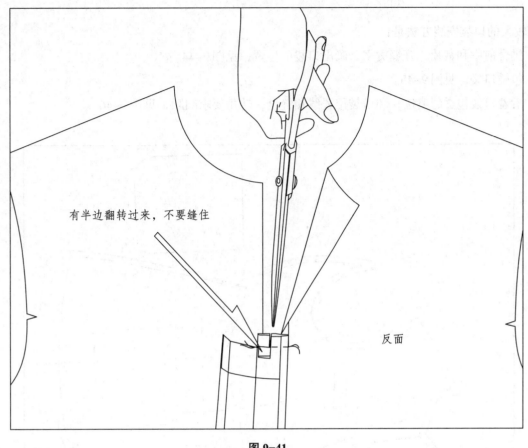

有半边翻转过来，不要缝住

反面

图 9-41

5. 再把门襟和底襟翻过来，整理平整后缝住，见图9-42。
6. 最后把下端用明线固定，见图9-43。

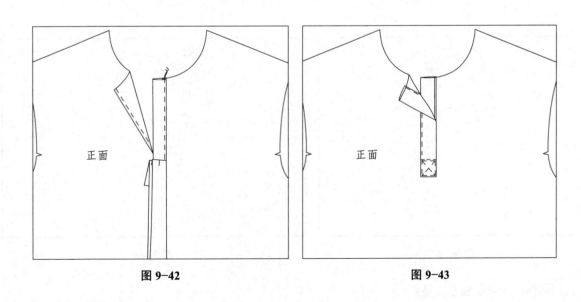

正面

正面

图 9-42　　　　　　　　　　**图 9-43**

第六节　暗线贴袋的做法

比较大的口袋安装方法是：

1. 拼合前中和裁片，开缝烫平，画出口袋的位置，见图9-44。

2. 包烫口袋，见图9-45。

3. 沿着口袋包烫的痕迹，和口袋位置线相缝合，转角要求圆顺，见图9-46。

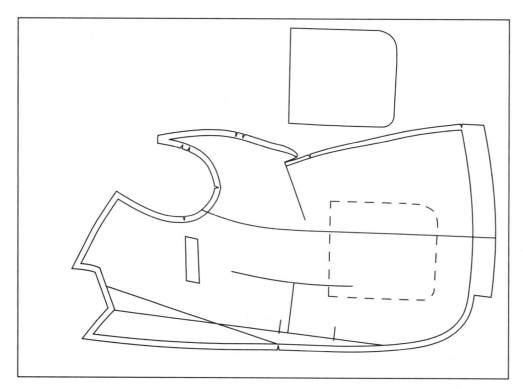

图 9-44

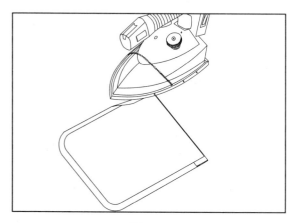

图 9-45

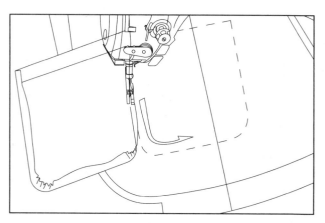

图 9-46

比较小的口袋安装方法是：

如果口袋比较小，缝纫机的机头很难放进去操作，可以改变一下操作方法：

1. 先把口袋放在衣片上，把针距调大一些，因为这条线在口袋完成后是要拆除的，沿口袋正面边缘先缉一道线，不需要回针，见图9-47。

2. 缉口袋里面的线，由于口袋外面已经被固定，不会发生移动和错位的现象，见图9-48。

3. 把外面的线拆掉，用熨斗烫平即可，见图9-49。

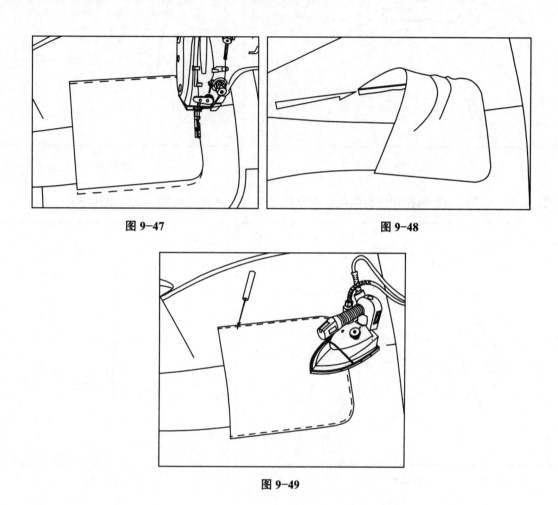

图 9-47   图 9-48

图 9-49

第七节 快速穿针的技巧

快速穿针法是指不通过任何辅助工具，不需要瞄准，就可以快速一穿即过的穿针方法。这种方法的原理是在完成手缝针缝制工作后，不要马上把已有的线头从针孔中全部抽出来，而是留长10 cm左右的线头在针孔里面，再把新的线头搭在已有的线上，利用下述特殊的手势，左手用力迅速拉动预留的线头，使这条线同时产生绷力和拉力，从而把新线"带过"针孔。

由于这种方法重视操作手势和力度控制，而不太注重理论，所以有一部分读者朋友可能难以一下子掌握，这就需要亲传了，不过这种方法在很多服装厂广泛使用，多试几次就能掌握了。具体操作如下：

第一步，把新线搭在已有的线上，做好图9-50、图9-51中的手势。

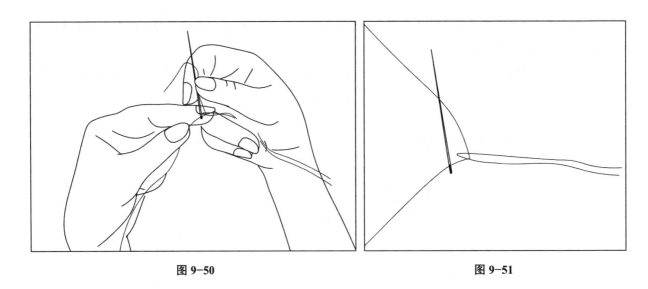

| 图 9-50 | 图 9-51 |

第二步，左手用力迅速拉动已有的线，把新线"带过"针孔，见图 9-52、图 9-53。

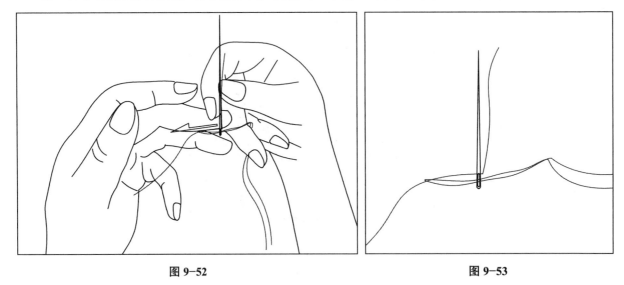

| 图 9-52 | 图 9-53 |

第三步，抽掉已有的线头，见图 9-54~图 9-57。

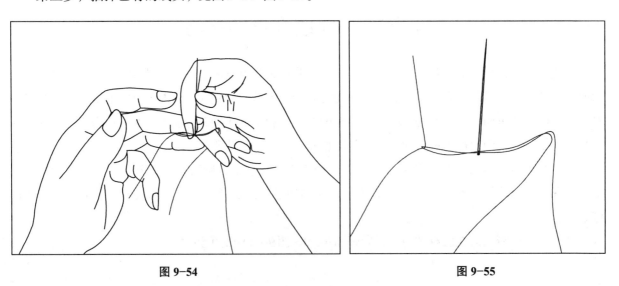

| 图 9-54 | 图 9-55 |

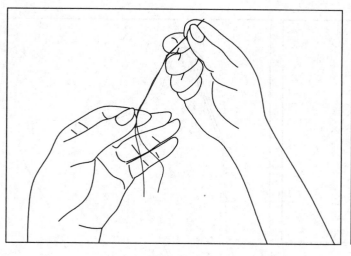

图 9-56

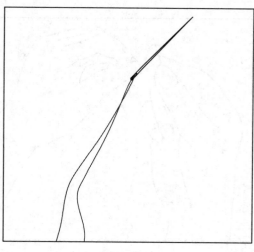

图 9-57

多股的线也可以用这样的方法穿针，见图9-58。

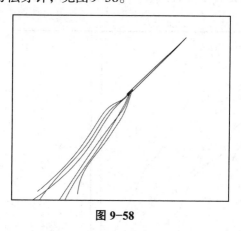

图 9-58

第八节　线头打结的方法

第一步，左手捏住手缝针，右手把线尾部在针杆上绕一圈，见图9-59~图9-62。

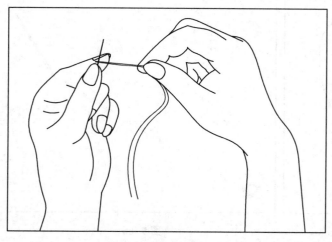

图 9-59

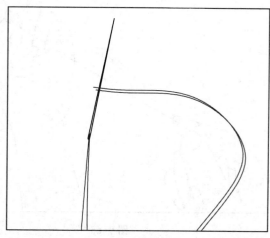

图 9-60

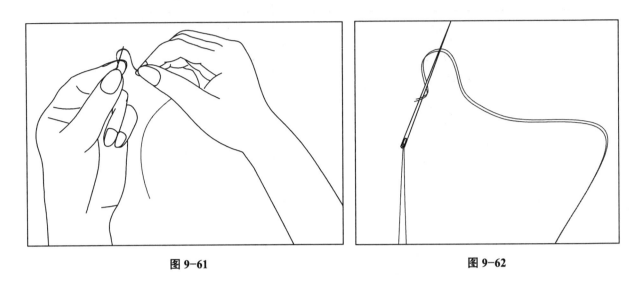

图 9-61   图 9-62

第二步，再把手缝针向斜上方拔起后抽紧，线结就自然形成了，见图9-63~图9-66。

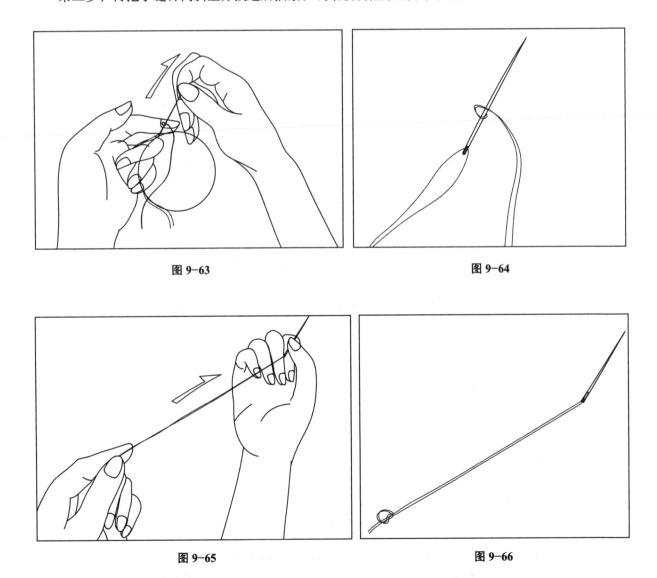

图 9-63   图 9-64

图 9-65   图 9-66

第九节 接线的技巧

第一步，先把两个线头搭在一起，注意上下和方向，见图9-67、图9-68。

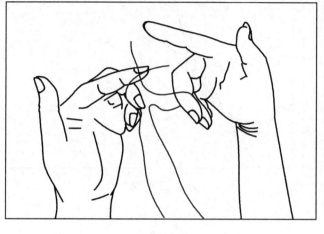

图 9-67

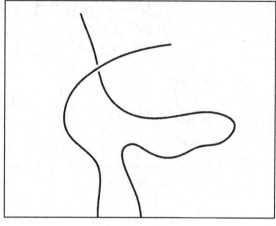

图 9-68

第二步，再把右手的线从下向上绕左手线头一圈，见图9-69、图9-70。

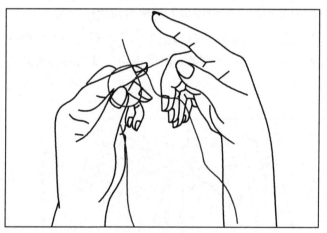

图 9-69

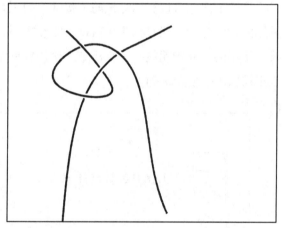

图 9-70

第三步，然后把左手的线头放到中间的圆圈里面，见图9-71、图9-72。

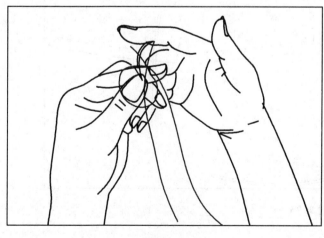

图 9-71

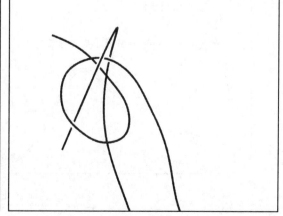

图 9-72

第四步，最后把两根线都用力拉紧，见图9-74、图9-75。

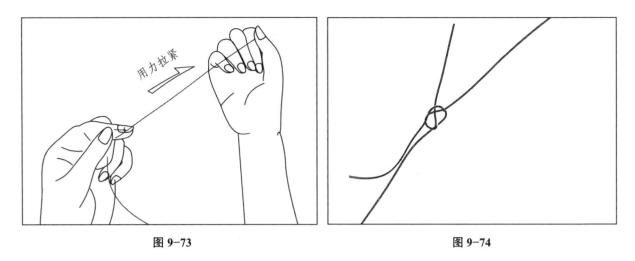

图 9-73   图 9-74

第十节　穿橡筋和腰带的技巧

　　尽管市面上可以买到穿橡筋（腰带）的工具，但是实际工作中许多人仍然习惯使用自制的工具。具体的做法是把一根直径为0.3 cm、长约20 cm的铁丝一头先砸扁，再钻一个小孔，穿上一段稍粗的线，使用的时候把粗线打一个活结，拴住橡筋（腰带），然后从裤腰的鸡眼穿进去，从另外一头的鸡眼中拉出来，见图9-71。

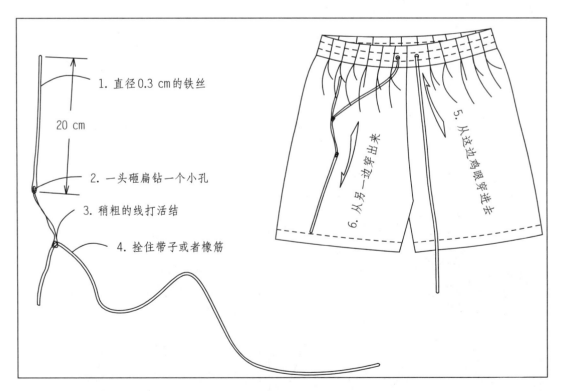

图 9-75

第十章 缝制中的疑难问题解决方法

第一节 收皱压脚磨破裁片，怎么办?

在使用收皱压脚的时候，有时候会把裁片磨破，使用中给收皱压脚贴上胶带，就可以改善这种情况，见图10-1、图10-2。

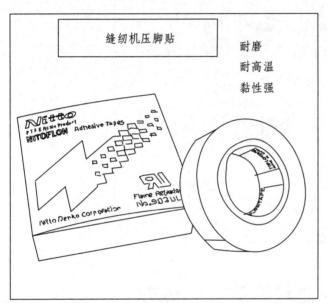

图 10-1

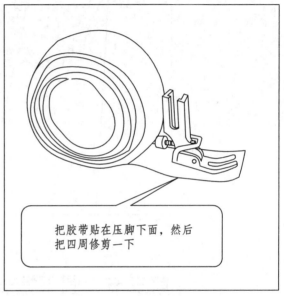

图 10-2

另外还有一种方法，就是购买一种平底的收皱压脚，也可以避免磨破的情况出现，见图10-3。

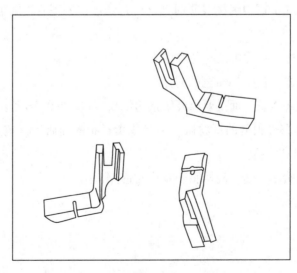

图 10-3

第二节　收皱压脚收的碎褶断断续续不均匀，怎么办?

使用收皱压脚时，如果收的碎褶出现断断续续不均匀的现象，很可能是因为压脚没有完全放到针板上。解决方法是用螺丝刀把机头的那个螺丝松开，让压脚自然落在针板上，然后再拧紧这个螺丝，见图10-4。

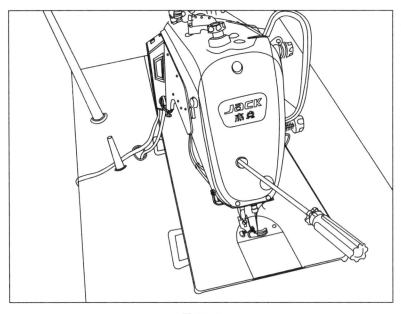

图 10-4

第三节　圆下摆卷边起波浪，怎么办?

弯度比较大的圆下摆，在卷0.6 cm或者0.3 cm宽的边时，由于靠近侧缝处是斜纱，容易起波浪，见图10-5。解决的方法是在下摆边缘烫很薄的真丝衬条，这样处理后，圆下摆卷后的效果会很平服，很美观。需要注意的是:

1. 如果是卷0.3 cm的边，就烫0.6 cm宽的衬条。

2. 如果是卷0.6 cm的边，就烫1 cm宽的衬条。

3. 衬条不要和下摆边缘挨着，而是要离开下摆边缘0.2 cm，见图10-6。

4. 选用的衬条一定是那种很薄的真丝衬条（专业卖衬布的商店和淘宝上有售，有不同宽度的规格可选），不可以选用纸衬和线衬。

5. 这种做法比较费时费工，适合高档服装卷边时使用。

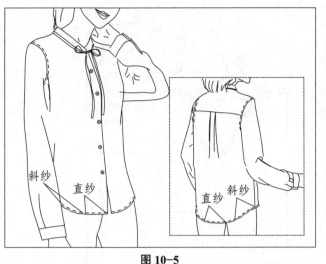

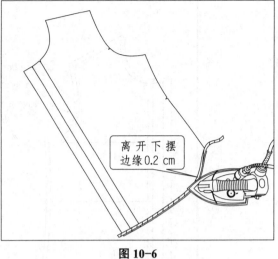

图 10-5

图 10-6

第四节　装袖止口朝衣身倒，为什么会不平服？

在图 10-7 所示这款女衬衫中，袖窿和袖山止口是朝衣身倒的，袖窿压 0.6 cm 的明线。这种工艺由于袖窿止口的边缘线、净线和明线存在长度差异，就是越靠近内圆，线条长度越短，越靠近外圆，线条长度越长，当止口倒向衣身时，内圆不够长，衣身就会起皱，影响质量和美观。

解决方法是把衣身的止口改窄，只需要 0.5 cm 的宽度，这样就把袖窿和袖山变成高低缝，俗称"大小止口"。这种方式减小了内圆和外圆之间的差数，见图 10-8、图 10-9，并且由于袖山的宽止口盖住了袖窿的窄止口，所以不会影响反面的美观。

另外，由于袖窿大部分是斜纱，具有一定的伸缩性和可塑性，所以经过整烫后外观就会很平服。

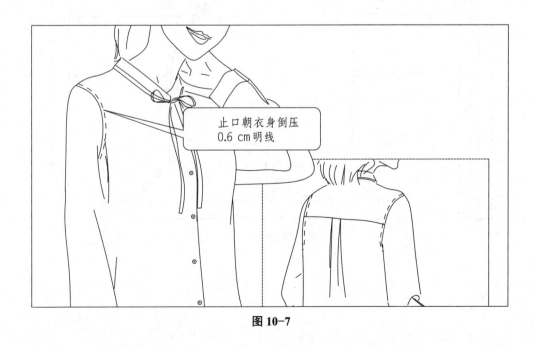

图 10-7

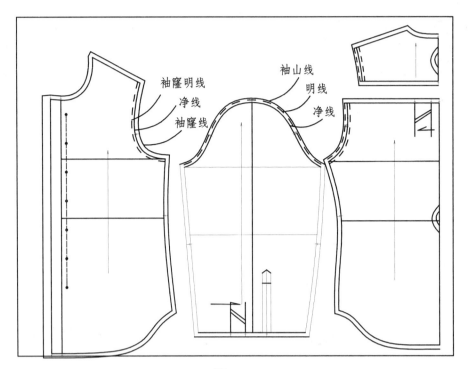

图 10-8

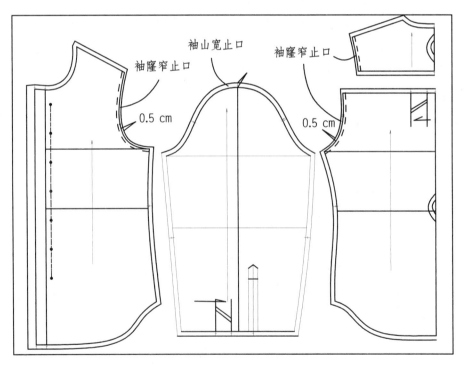

图 10-9

第五节 怎样卷窄边?

1. 使用卷窄边压脚。

使用卷窄边的专用压脚，见图10-10，可以快速卷好窄边。

2. 分两次缉线卷窄边。

还有一种用普通缝纫机分两次卷边的方法。具体方法是:

先卷0.25 cm的边线，见图10-11。然后把裁片掉过头来再卷一次，见图10-12。完成后的效果见图10-13。

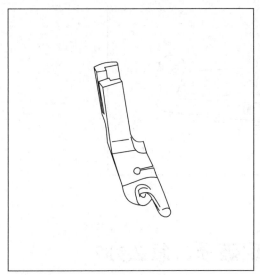

图 10-10

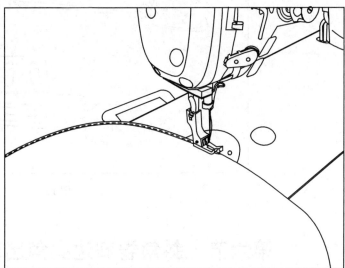

图 10-11

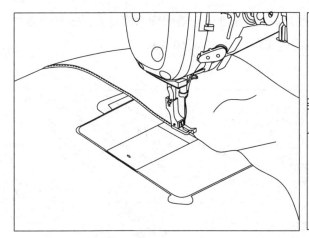

图 10-12

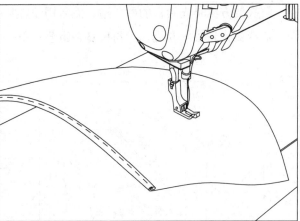

图 10-13

3. 定制窄边卷筒。

卷窄边的另一种方法是去卖缝纫机配件的商店或者在网上定制窄边卷筒，可以根据你的要求进行定制和调试，见图10-14，只是需增加一笔费用。

卷筒上面标注的1/8和1/16是窄边完成后的宽度，是以英寸表示的。过去的工业产品规格以英寸为主，这种标注方法一直沿用到现在，我们平时使用的各种用品，如裁剪的大剪刀都是以英寸作为单位的。英寸是采用八进制的，这里的1/8约等于0.3 cm，1/16约等于0.16 cm。

英寸和厘米的换算，其实是近似值，例如3/8英寸约等于1 cm，而不是绝对等于1 cm。结合使用英寸和厘米两种计量单位的方式，在实际工作中是非常有用的。

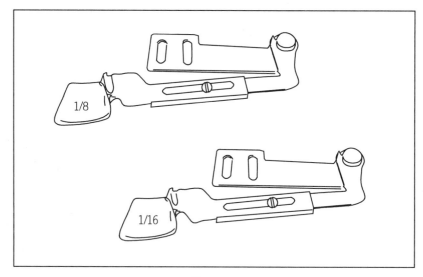

图 10-14

第六节　斜角卷窄边尖角出现破损，怎么办？

图10-15所示这款真丝衬衫的飘带是斜角的，这根飘带在卷窄边的时候，斜角剪齐后很容易出现破损，见图10-15。

解决的方法是先卷直的两个边，然后用喷雾啫喱水喷在斜角部位，等啫喱水挥发后，布料就会变硬，这样就比较容易卷边，尖角位置多折叠一下，就不会破损了，见图10-16。

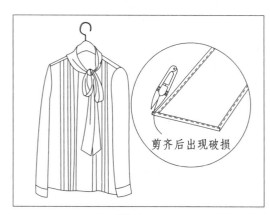

图 10-15

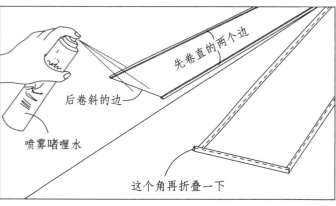

图 10-16

第七节　内转角出现破损，怎么办?

内转角是指门襟、领圈或者挂面出现向内转角的结构，在没有里布的情况下，底层剪开转角刀口就会出现破损，见图10-17。

前领圈贴的面层和前片拼合时被固定住，不会有破损的问题

前领圈贴的底层转角处必然会出现破损

这里容易破损

这款短上衣也有同样的问题

图 10-17

解决方法：

用一块里布，沿着包烫痕迹缉在转角处，见图10-18。

再在转角处打一个刀口，见图10-19。

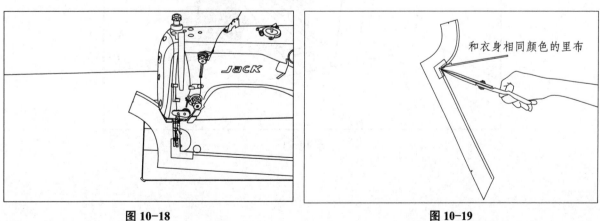

和衣身相同颜色的里布

图 10-18　　　　　　　　　　　　　图 10-19

最后整烫平整，见图10-20，这样处理后就不会出现破损了。

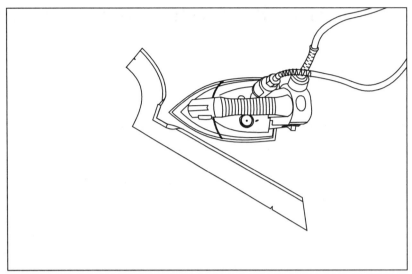

图 10-20

第八节　立体褶裙压褶不顺直，怎么办？

立体褶，也称太阳褶，一般是由专业的压褶工厂用压褶机完成的，见图10-21。太阳褶的款式要求完成后下摆水平，侧缝褶痕顺直自然。

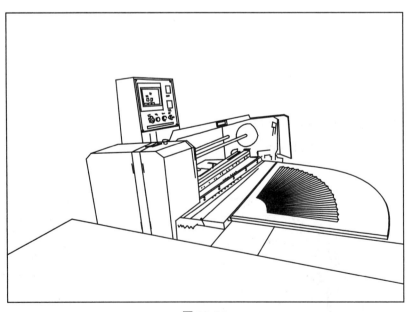

图 10-21

太阳褶并不完全是一个扇形，因为斜纱会伸长。扇形的不同部位，角度不同，伸长的程度又不同，45°斜角的地方伸长量最大，水平和垂直的布纹方向伸长量较小，所以要把下摆线条画成曲线的形状，见图10-22~图10-24。

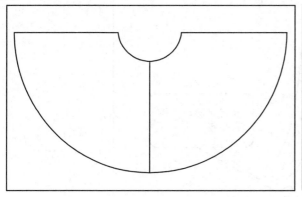

图 10-22

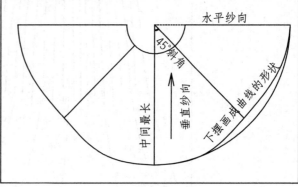

图 10-23

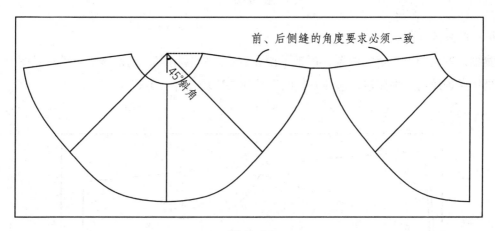

图 10-24

　　压褶完成后的效果，首先和裁剪时纱向的准确性有关，所以对裁剪的要求比较高，要严格地按照裁剪操作规范，上下垫纸，校正纱向；其次也和压褶厂平铺裁片的纱向准确性有关，所以，需要压褶厂的合作。

　　太阳褶的款式，我们分三种情况来处理：

　　第一种：半褶。

　　先压褶，安装好裙腰后再悬挂起来修剪下摆，注意裁片需要预留修剪的长度尺寸，以免整体尺寸变短，见图10-25。

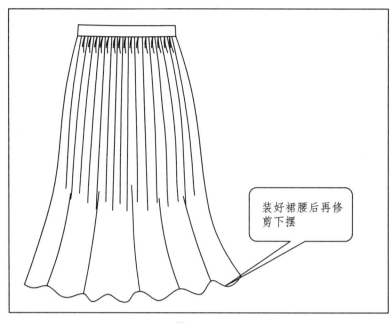

图 10-25

第二种：两片式全褶。

拼合侧缝，留出隐形拉链的位置，再把下摆卷好边，然后用熨斗把整体烫平整，见图10-26。把拼合好的裙片送到压褶厂去压褶，这种方式的压褶效果比较整齐、美观。

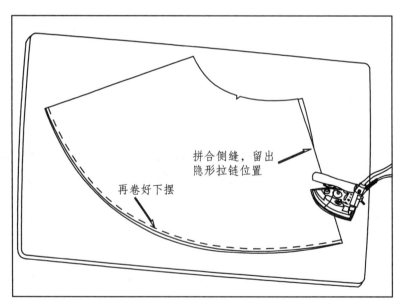

图 10-26

第三种：三片式全褶。

三片式全褶是指后中有剖缝的款式。有剖缝，一方面可以省料，另一方面是可以在后中缝上装隐形拉链，见图10-27。

图 10-27

把压褶裁片用收皱压脚收皱，然后悬挂起来，观察效果，如果需要修剪，可以在裁片上方适当修剪，注意纸样要同步修改，见图10-28。

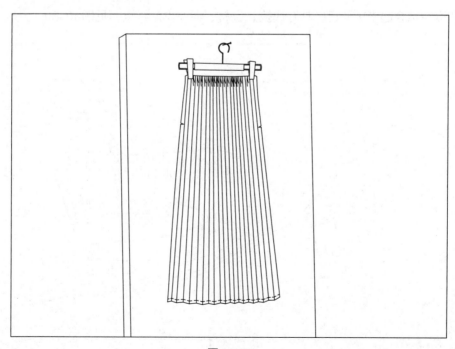

图 10-28

第九节　有的布料在包烫时不服贴，怎么办?

有的布料包烫的时候难以服贴，解决的方法是用有一定韧性的纸，裁剪成和裁片相等的大小和形状，包烫的时候把裁片用纸包起来，就比较容易服贴了，见图10-29。

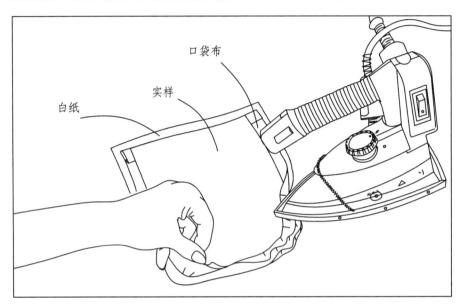

口袋布

实样

白纸

图 10-29

第十节　怎样用拉筒烫隧道?

用拉筒和熨斗结合起来烫隧道，具有快捷、省料、误差少的特点，见图10-30。

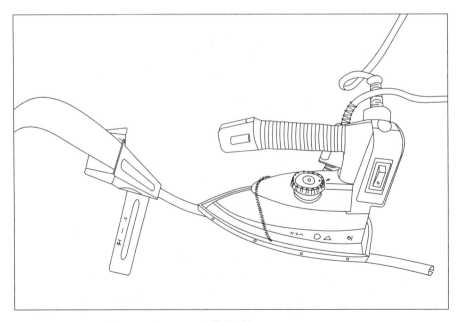

图 10-30

第十一节　裁捆条和切捆条有什么区别?

切捆条是由专业的切捆条厂完成的。机器切捆条完成后是一卷一卷的饼状，不会混乱成一团，无论横纹还是斜纹的捆条，都不需要重新拼合接头。裁捆条完成后是一根一根的，需要重新接头，容易乱掉。见图10-31。

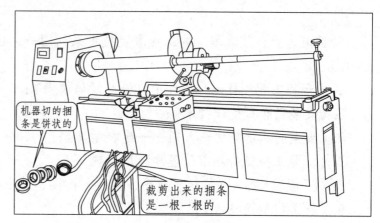

机器切的捆条是饼状的

裁剪出来的捆条是一根一根的

图 10-31

第十二节　样衣（布料）被弄脏，怎么办?

样衣（布料）不慎被弄脏，要根据不同的污迹，采取不同的清洗方法，一般情况下：

圆珠笔墨迹、印花颜料用"优露清"洗衣剂处理。

签字笔、水笔、大头笔墨迹用"漂渍液"加清水稀释后进行处理。需要注意的是，漂渍液也称"氯漂"和"漂白剂"，具有较强的腐蚀性，使用前需要用同样的布料试验，确认不会腐蚀布料上的原色后才可以使用。

机器锈迹用服装专用的去锈水处理。

绘图仪墨水墨迹用超能皂处理。各种清洗液见图10-32。

机器润滑油污迹则采用枪水处理，见图10-33。

如果被弄脏的时间太久，污迹无法洗掉，只能做换片处理。

漂渍液

优露清

去锈水

超能皂

图 10-32

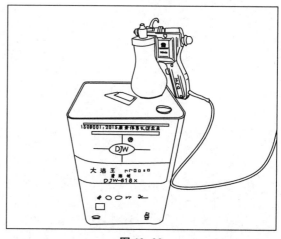

图 10-33

后　记

　　到目前为止，笔者编写的工业服装技术系列图书，已经出版了7本，按出版时间顺序，分别是：

　　1.《女装工业纸样——内外单打板与放码技术》；

　　2.《女装新板型处理技术》；

　　3.《女装打板缝制快速入门——连衣裙篇》；

　　4.《女装工业纸样细节处理和板房管理》；

　　5.《ET服装CAD——打板、放码、排料、读图、输出技术》；

　　6.《女装打板隐技术》；

　　7.《优秀样衣师手册》。

　　这7本书的编写时间跨度为15年。笔者长期深入服装生产一线，专注而不间断地努力工作，是获得灵感和素材的源泉，并保持了充足的创作后劲，其间也得到众多工厂师傅们的热情帮助和支持，这套书其实汇集、整理和吸收了众多劳动者的智慧和经验。在此向这些默默工作的服装师傅们表示衷心的谢意。

　　本书中所有图例均来自作者实际工作中收集的各种细节照片，然后使用ET服装CAD软件处理成线描图，这是作者在长期的手与脑的互动实践中偶然发现的一种绘图技巧。其可以快速把手机拍的照片或者网上下载的图片转换成线描图，还可以进行复制和组合，以及改变颜色和线条粗细，这种图形线条清晰流畅，可广泛用于各种行业工具书插图。需要这种技术的朋友，可以和笔者联系。

　　由于笔者正在构思和编写另外的新书，时间比较紧凑，读者朋友如果有疑问，或者在工作中遇到一些问题，都可以集中整理后发送至笔者QQ或电子邮箱。笔者将在合适的时间为大家统一答复，不能及时回复时，请大家谅解。

　　QQ：1261561924

　　电子邮箱：baoweibing88@163.com

感谢大家对我的关注，祝安好！

鲍卫兵

2022年3月1日于深圳西丽